跟著可愛角色學習

人體小圖鑑

（大分大學醫學部名譽教授、
大分醫學技術專門學校校長）

瑞昇文化

序言

不曉得各位有沒有想過，吃下的食物在進到嘴巴之後，在身體裡會發生什麼事呢？會不會覺得很不可思議？而大便為什麼會臭呢？肚子餓的時候，肚子又為什麼會咕嚕咕嚕叫？越想越覺得充滿了謎團呢。

雖然沒有辦法去實際窺看自己的身體內部，但是本書將體內以及建構身體的器官化身為可愛角色們登場，並用漫畫來輔助講解，以淺顯易懂的方式為大家介紹。

那麼，請各位一同啟程，展開這場和人體有關的不可思議大冒險吧！

島田達生

主要登場人物

健太

小學四年級的男孩子。好奇心旺盛且個性活潑。非常喜歡運動。在某一天，腳意外地受傷了，因而開始對身體產生興趣。

本書的閱讀方法

大家會覺得有疑問的部分，一個一個為你解答唷！

較適合大人閱讀的部分，會用稍微艱深的用詞解說哦。

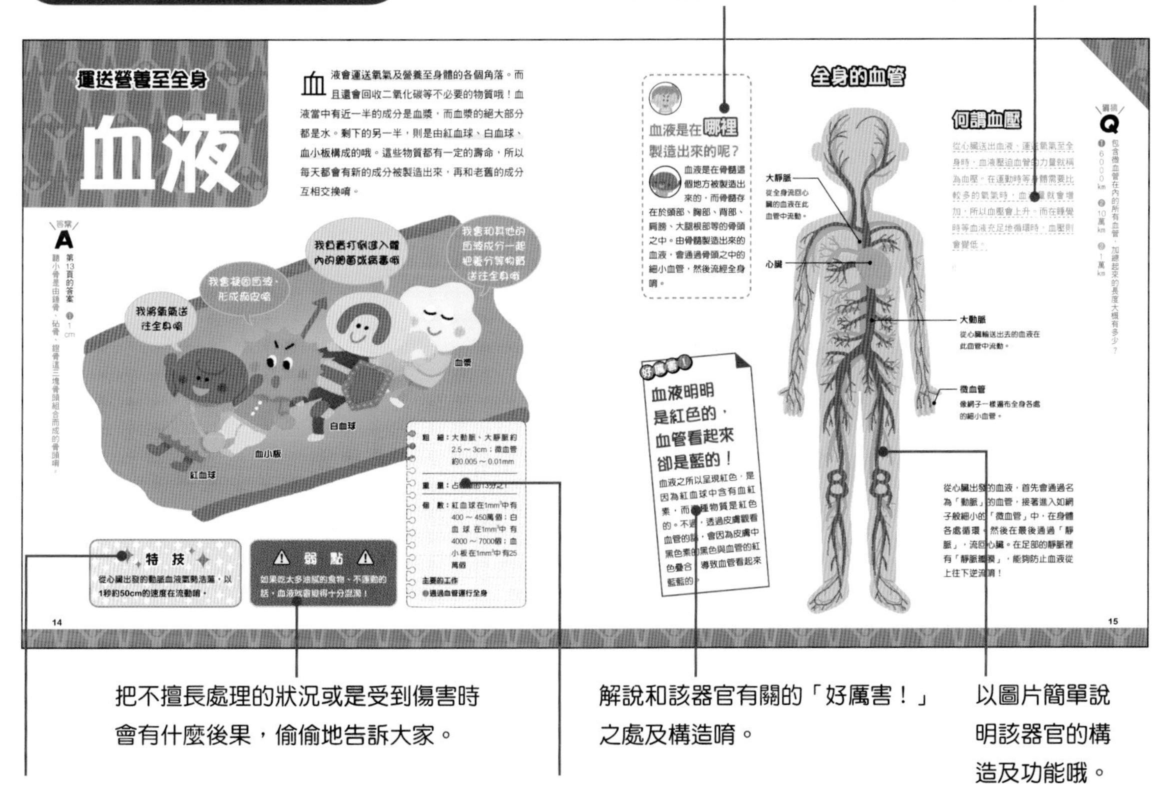

把不擅長處理的狀況或是受到傷害時會有什麼後果，偷偷地告訴大家。

解說和該器官有關的「好厲害！」之處及構造唷。

以圖片簡單說明該器官的構造及功能哦。

秀出該器官特別的功能或是引以為傲的長處！

大小、重量及個數等基本資訊，可以在這邊確認！

目次

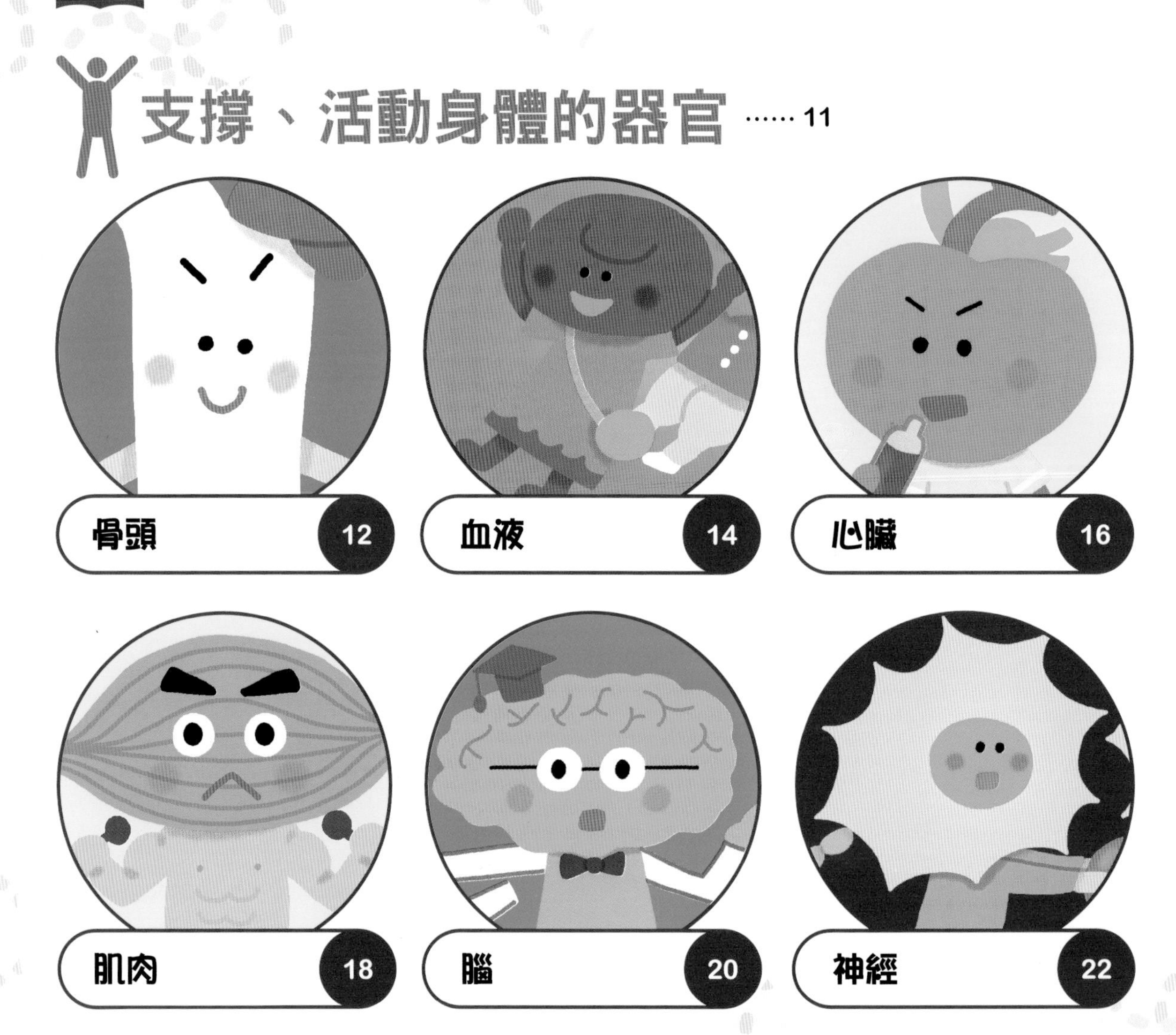

感覺器官 …… 27

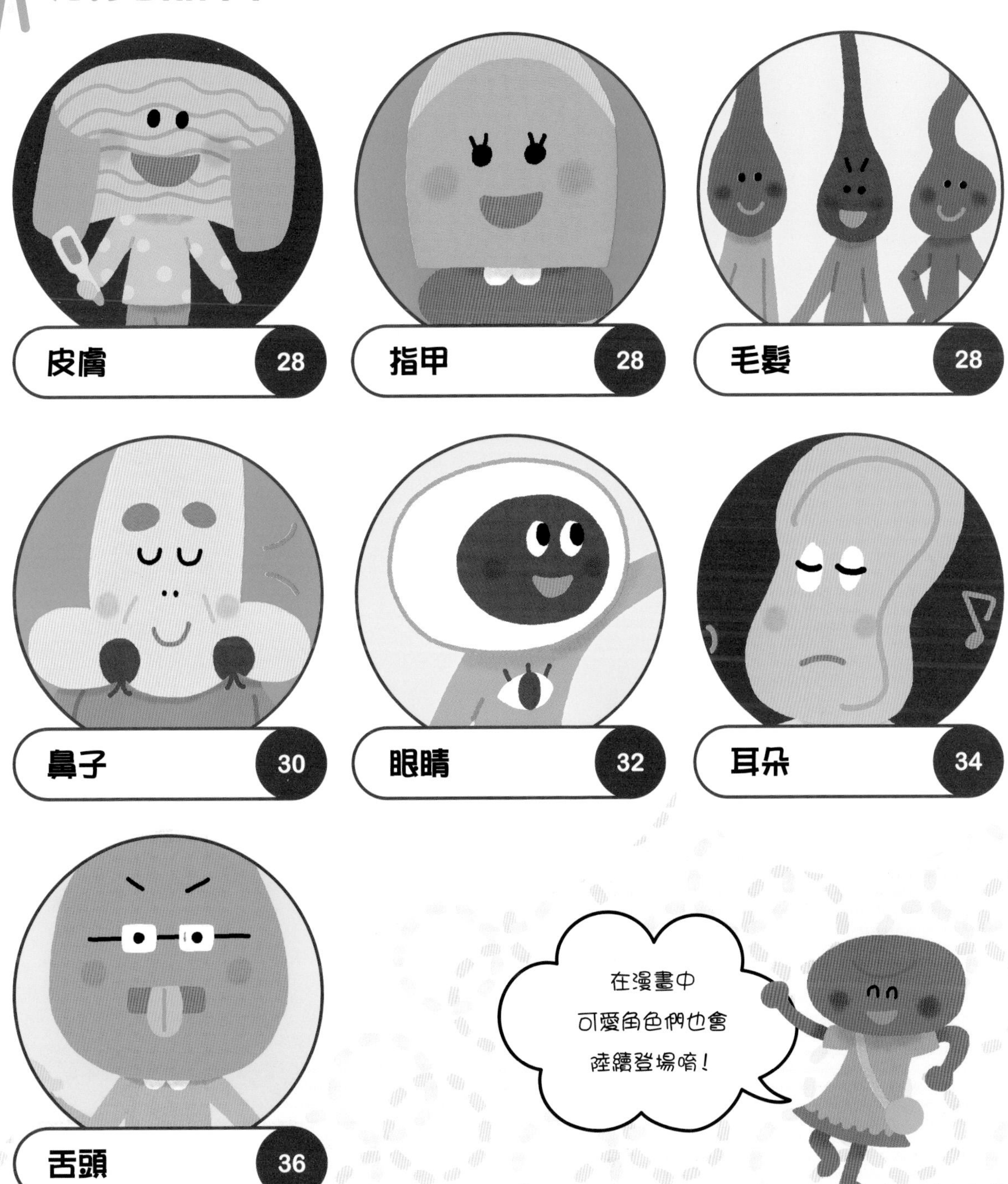
在漫畫中
可愛角色們也會
陸續登場唷！
紅血球小將

消化、吸收食物的器官 41

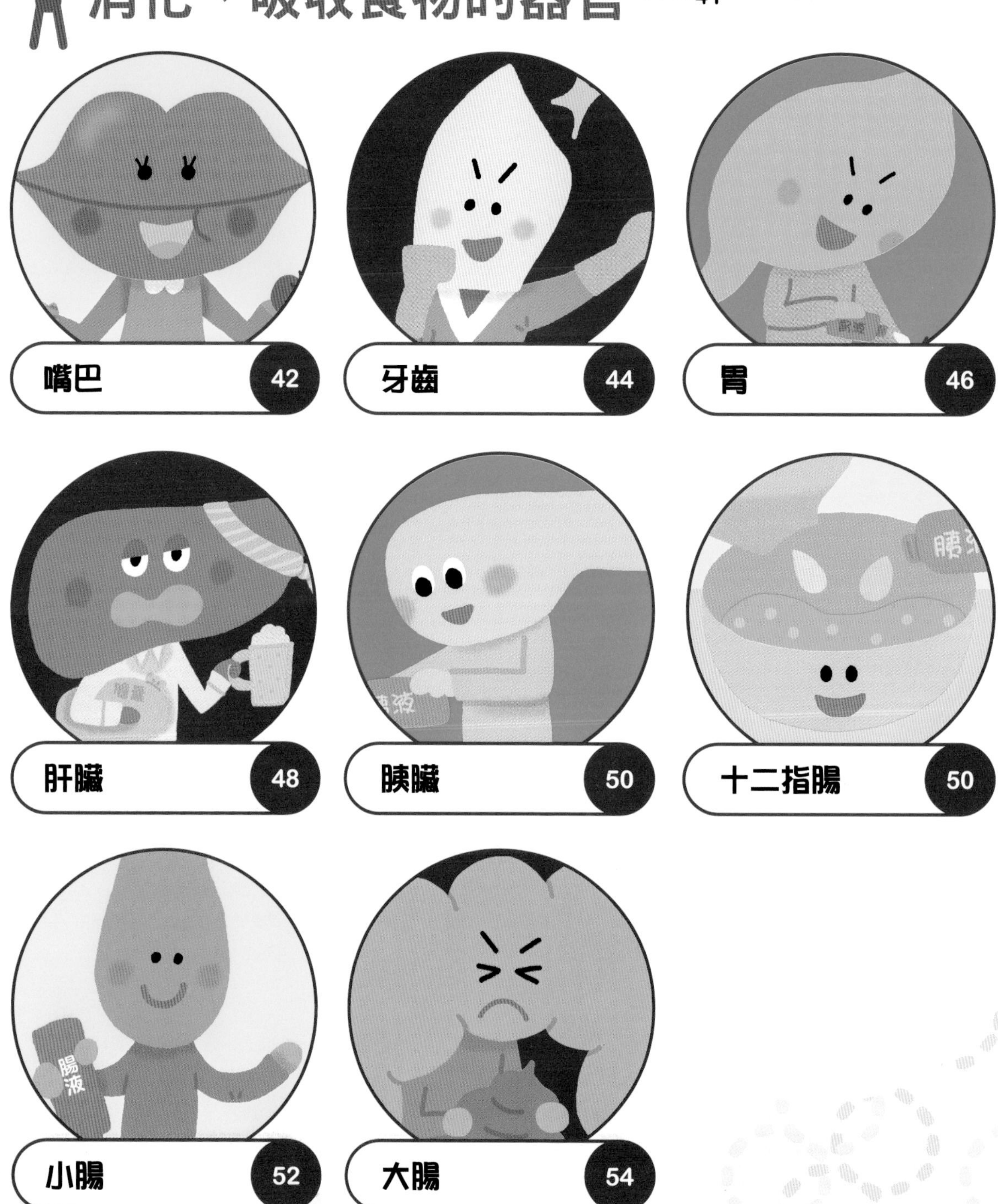

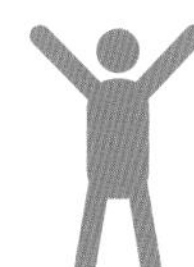

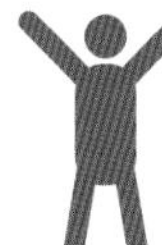

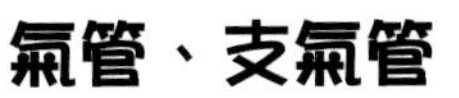

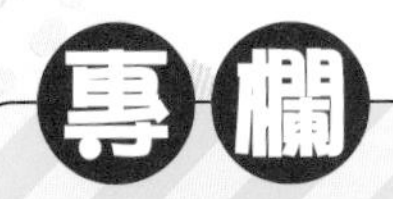

專欄

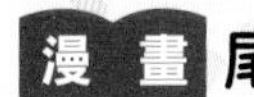

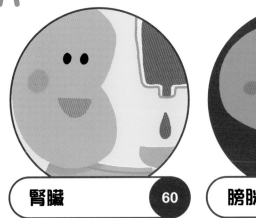

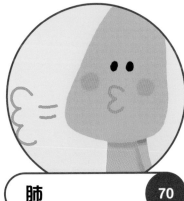

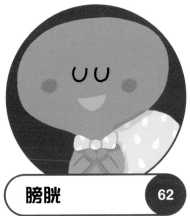

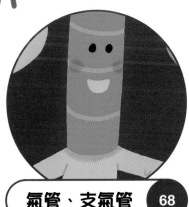

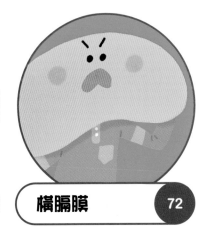

等我等我～
咻—
啊～～
！
砰
鏘
好…好痛…
健太！
你沒事吧！？
嗚哇！
血…！
刺痛
嗚！
站不起來…
咦—?!
喔——咿
喔——咿
唉～
骨頭斷了以後就沒辦法
再繼續玩耍了吧…
好無聊～
健太小朋友
骨頭是會完整
癒合的唷
想要快點痊癒，
就要多吃點飯來補充營養
這樣的話在1個月之後
骨頭就會接合，
你又能活力充沛地玩耍囉
MILK
真的嗎？
○○醫院

沒錯哦
趕緊來吃飯吧
嗯
大口咀嚼
斷掉的骨頭
為什麼會接回去呢…
迷迷濛濛…
健太進入睡夢中…
ZZZ…
沒事吧？
癒合需要
花多久
時間呀？
唉呀呀…
不得了哇～
大概要1個月吧…
真對不起大家…
給你們添麻煩了…
唔哇ー
為了復活
需要大家的幫忙
團結合作吧！
好的！
好的！
好的！
大家…
謝謝你們…
為了能趕快恢復原狀，
我也會一起加油的
大家一起讓
健太的身體
復活吧！
好！
好！
咦…？
健太是指…
我嗎？

健——太——！
哇啊！
你是誰？
剛才摔倒的時候
不是才見過嗎
我是血啦　血！
血———!?
真是的
話說回來
的確是紅的！
雖然正確來說
是叫做紅血球
紅…
紅血球…？
別那麼驚訝嘛
一點也不恐怖啦！
這裡是健太的身體裡唷
身體裡！？
噫！
難得的機會，
就讓我來帶你參觀吧！
因為其他人現在好像
正忙著處理健太的
骨頭復活工程
那你呢？
只少了一個人
的話不要緊的

支撐、活動身體的器官

首先要來介紹和全身有關的器官唷！

為了支撐身體的基座、活動身體，

這些同伴們必不可少。

就來看看他們各有什麼樣的功能吧！

要是少了骨頭，你知道會發生什麼事嗎？沒了骨頭，人就會變得跟章魚一樣軟綿綿的，不論是站立還是運動都無法做到。而且，位於頭部的腦，正是由堅硬的頭骨負責保護的。就像這樣，骨頭也具有保護體內柔軟內臟的功能哦。除此之外還有一點：製造血液的也是骨頭。

連接骨頭和骨頭之間的部分，叫做關節唷

特　技

和身體的任何部分相比，骨頭都是最硬的哦！保護著腦、心臟、肺等重要的內臟器官。

弱　點

一旦骨折，就需要花上一些時日來復原唷。

大　小：依身體各部位而有所不同

重　量：大人的話占體重的20%左右

個　數：大人有200塊以上，嬰兒則有350塊以上

主要的工作

- 支撐身體
- 製造血液
- 保護內臟
- 儲存鈣質

全身的骨骼

我在鼻子和耳朵裡，
是種柔軟的骨頭唷
軟骨

頭骨
保護著腦部唷。

頸椎

肩胛骨
是肩膀的骨頭哦。

鎖骨

胸骨

肱骨

肋骨
保護著肺與心臟哦。

脊柱
也就是脊椎骨。支撐著身體唷。

尺骨

橈骨

骨盆
位於腰部，連接著上半身與下半身唷。

股骨
是最大的骨頭唷。

髕骨
膝蓋的圓形部分。

腓骨

脛骨

骨頭裡面有什麼呢？

骨頭內部是像水管一樣的構造哦！在中心部分有著名為骨髓的組織。是這個骨髓在製造血液的唷。

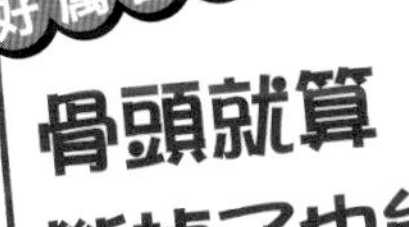
好厲害！

骨頭就算斷掉了也能再次接合！

骨折的時候，會因為骨頭裡的血管破裂而形成血腫。這個血腫會逐漸填滿斷裂的骨頭之間，最後形成柔軟的骨頭——骨痂。鈣質等營養會送至該處，漸漸地就能恢復成原本的骨頭了唷。

猜猜 Q

在骨頭當中，最小的骨頭是位於耳朵深處的「聽小骨」。聽小骨大約有幾cm呢？

❶ 1cm ❷ 3cm ❸ 5cm

為什麼會長高呢？

人之所以會長高，是因為骨頭在長的關係。在骨頭的兩端有著柔軟的骨頭——「骨骺板」，當該處增生就會使骨頭變長唷。

骨頭是由什麼構成的？

骨頭是由「骨質」這種堅固的材質所構成的。而骨質是由磷酸、鈣以及膠原蛋白所構成。

運送營養至全身

血液

血液會運送氧氣及營養至身體的各個角落。而且還會回收二氧化碳等不必要的物質哦！血液當中有近一半的成分是血漿，而血漿的絕大部分都是水。剩下的另一半，則是由紅血球、白血球、血小板構成的哦。這些物質都有一定的壽命，所以每天都會有新的成分被製造出來，再和老舊的成分互相交換唷。

答案

A 第13頁的答案 ❶ 1cm

聽小骨是由鎚骨、砧骨、鐙骨這三塊骨頭組合而成的骨頭唷。

我將氧氣送往全身唷
我會凝固血液，形成痂皮唷
我負責打倒進入體內的細菌或病毒哦
我會和其他的血液成分一起把養分等物質送往全身哦
紅血球
血小板
白血球
血漿

粗　細： 大動脈、大靜脈約2.5～3cm；微血管約0.005～0.01mm

重　量： 占體重的13分之1

個　數： 紅血球在$1mm^3$中有400～450萬個；白血球在$1mm^3$中有4000～7000個；血小板在$1mm^3$中有25萬個

主要的工作

● 通過血管運行全身

✦ 特技 ✦

從心臟出發的動脈血液氣勢浩蕩，以1秒約50cm的速度在流動唷。

⚠ 弱點 ⚠

如果吃太多油膩的食物、不運動的話，血液就會變得十分混濁！

全身的血管

血液是在哪裡製造出來的呢？

血液是在骨髓這個地方被製造出來的，而骨髓存在於頭部、胸部、背部、肩膀、大腿根部等的骨頭之中。由骨髓製造出來的血液，會通過骨頭之中的細小血管，然後流經全身唷。

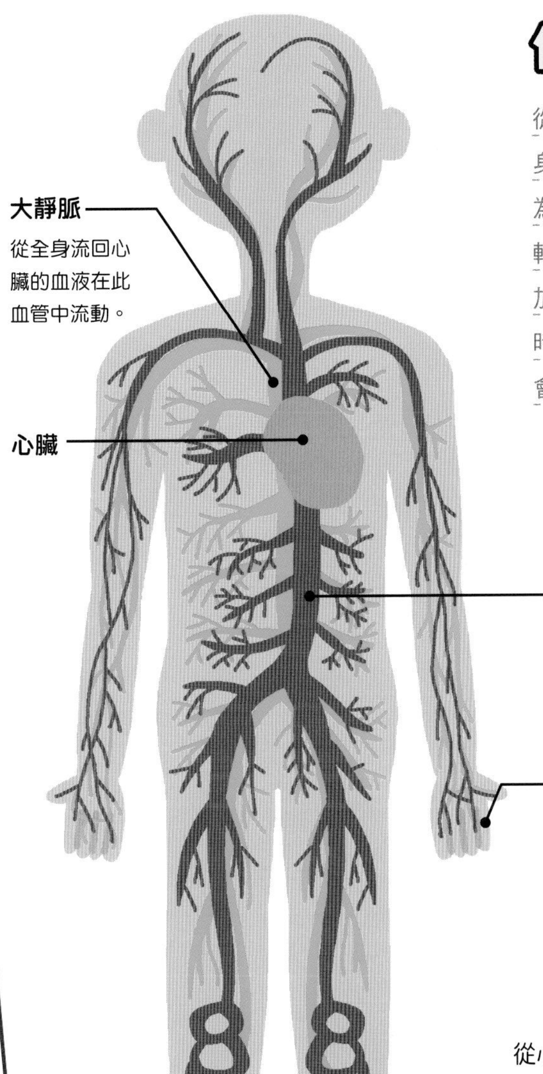

大靜脈
從全身流回心臟的血液在此血管中流動。
心臟
大動脈
從心臟輸送出去的血液在此血管中流動。
微血管
像網子一樣遍布全身各處的細小血管。

何謂血壓

從心臟送出血液、運送氧氣至全身時，血液壓迫血管的力量就稱為血壓。在運動時等身體需要比較多的氧氣時，血液量就會增加，所以血壓會上升。而在睡覺時等血液充足地循環時，血壓則會變低。

猜猜Q

包含微血管在內的所有血管，加總起來的長度大概有多少？

❶ 6000km
❷ 10萬km
❸ 1萬km

好厲害！

血液明明是紅色的，血管看起來卻是藍的！

血液之所以呈現紅色，是因為紅血球中含有血紅素，而這種物質是紅色的。不過，透過皮膚觀看血管的話，會因為皮膚中黑色素的黑色與血管的紅色疊合，導致血管看起來藍藍的。

從心臟出發的血液，首先會通過名為「動脈」的血管，接著進入如網子般細小的「微血管」中，在身體各處循環。然後在最後通過「靜脈」，流回心臟。在足部的靜脈裡有「靜脈瓣膜」，能夠防止血液從上往下逆流唷！

輸送血液至全身

心臟

心臟具有幫浦的作用，接收來自肺部的新鮮血液後會送往全身唷。所以心臟上連接著數條重要的血管。有沒有感受過心臟撲通、撲通的跳動呢？這稱為脈搏，是心臟為了送出血液而不斷舒張、收縮的證據。經由心臟傳導系統這個電訊號的路徑來傳遞刺激，藉此重複節奏性的跳動。

答案

A

第15頁的答案 ❷ 10萬km

全身血管的總長度，竟然比繞行地球兩圈的距離還要長！

特技

從未休息過，以持續跳動的耐久力而自豪！在睡覺的期間，也會把血液送往全身。

弱點

如果沒有充足的氧氣或營養，心臟本身的跳動就會變遲鈍，血流也會變弱哦。

大　小：和拳頭差不多大

重　量：大人的話約為250～300g

個　數：1個

主要的工作

●送出血液至全身

活著的這段期間，我都不會停止跳動哦！
呼
呼
=3

心臟的構造

心臟分成左心房、左心室、右心房、右心室這四個房間唷！心房是接收血液的地方，心室則是送出血液的地方。循環過全身的髒血會進入右心房，再從右心室送至肺部哦。在肺部變乾淨的血液會進入左心房，再從左心室送往全身。

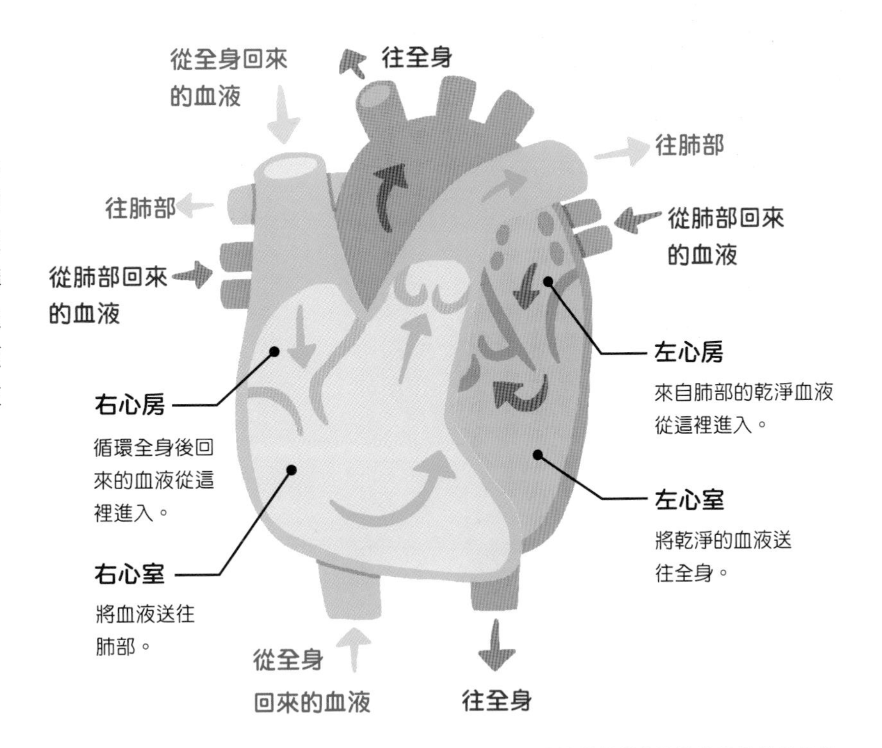

從全身回來的血液

從肺部回來的血液
從肺部回來的血液

來自肺部的乾淨血液從這裡進入。

循環全身後回來的血液從這裡進入。

將血液送往肺部。
從全身回來的血液

猜猜 Q

心臟1天會送出約多少量的血液呢？

❶約8000ℓ ❷約1000ℓ ❸約500ℓ

緊張的時候，為什麼心臟會撲通撲通狂跳呢？

感到緊張或是受到驚嚇的時候，大腦會發出「快逃！」的指令，進而分泌出腎上腺素這種物質。以此為信號，心臟會劇烈地跳動哦。是為了能夠迅速輸送逃跑時所需的氧氣。

心臟一直在跳動，難道不會累嗎？

我有特別的構造所以沒問題。送出血液的時候，雖然會因為施力而緊縮，不過在那之後就會自然地恢復原狀。這個動作會一直重複，所以能夠持續運作唷。

心臟1天跳動約10萬次！

人類的心臟會持續重複著脈搏的跳動，大人的話1分鐘約有70次。也就是說，1天下來就跳了10萬次呢！1年的話就有3650萬次。嬰兒的脈搏數比大人還要多，1分鐘會跳動大約130次唷。

構成心臟的肌肉是特別的肌肉。在下一頁會介紹唷

活動身體 肌肉

人之所以能夠活動身體，都是肌肉的功勞。肌肉可分為三種，在骨頭周邊的肌肉稱為骨骼肌。藉由伸縮來帶動骨頭，人就能活動身體。構成血管及內臟的稱為平滑肌，有助於消化吃下的食物哦。而構成心臟的，則是稱為心肌的肌肉唷。

答案 A

第17頁的答案 ❶約8000ℓ

心臟1天送出的血液量，以浴缸的泡澡水來算的話，大約有40缸的分量唷！

全身的骨骼肌的種類，多達400種以上哦

骨骼肌

平滑肌是種無法靠自己的意識控制的肌肉唷

平滑肌

特技

能夠伸縮，朝各種方向活動。肌肉越多，就越能精力充沛地活動唷。

弱點

不去活動身體、靜止不動的話，沒有使用的肌肉就會漸漸變小哦。

大　小：依身體各部位而有所不同

重　量：約為體重的一半

主要的工作

- 連接著骨頭及關節來活動身體
- 產生身體的熱能
- 從心臟送出血液至全身
- 形成血管壁及內臟壁

為什麼會肌肉痠痛呢？

肌肉是由細線般的細胞——「肌纖維」，聚在一起所構成的唷。由於一條一條的肌纖維非常脆弱、很容易斷裂，所以當激烈運動等造成肌纖維斷裂的話，周圍的部分就會引起發炎症狀。這就叫做肌肉痠痛哦。

該如何練出健壯結實的二頭肌？

只要讓一條一條的肌纖維變得粗壯、強韌，肌肉就會變大唷。為此就必須要重複伸展、收縮肌肉的運動，來鍛鍊肌纖維。肌纖維的原料是蛋白質，多吃肉、魚、蛋、牛奶等食物就行囉！

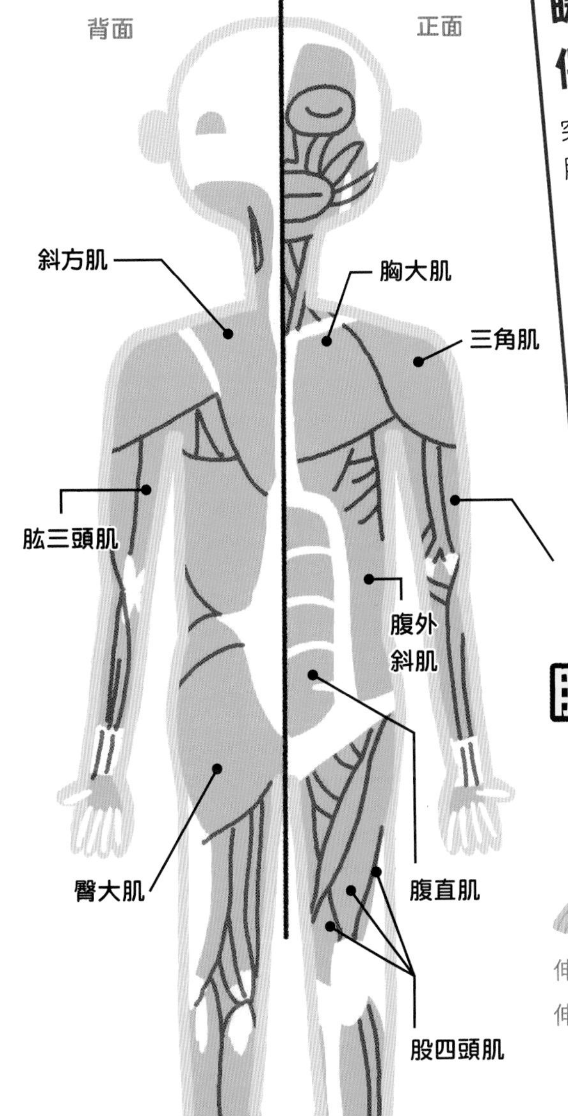

好厲害！

暖身操可以保護肌肉！

突然進行激烈運動的話，肌肉就會急遽收縮，導致肌纖維容易斷裂。有時甚至會造成嚴重的運動傷害。所以，為了在運動前讓全身上下漸進地進入活動狀態，暖身運動是很重要的哦！

猜猜Q

在肌肉當中，能施展出最強力量的肌肉位於哪裡？

❶ 上臂 ❷ 大腿 ❸ 下巴

肌肉的活動方式

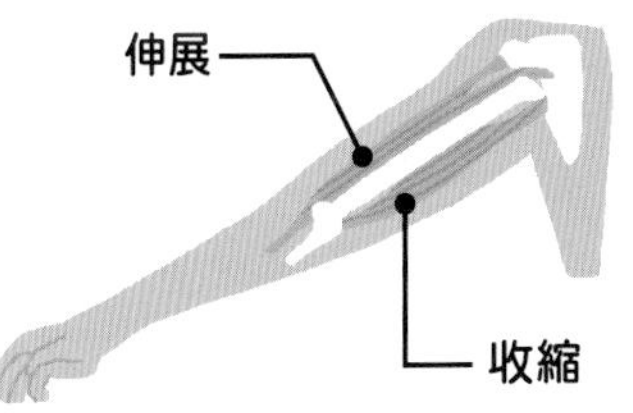

伸直手臂的時候，前側的肌肉會伸展，後側的肌肉會收縮。

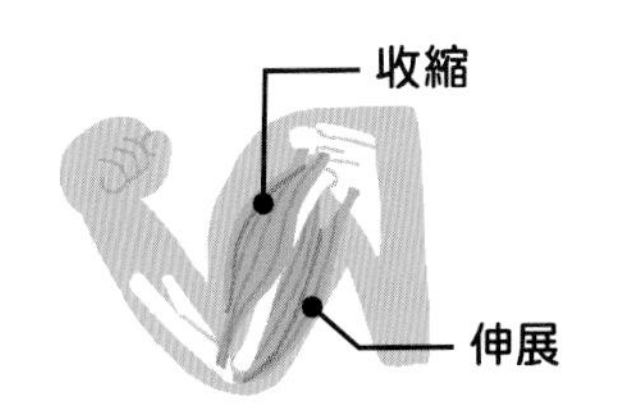

彎起手臂的時候，前側的肌肉會收縮，後側的肌肉會伸展。

全身的司令部

腦

腦部會接收來自皮膚、眼睛、鼻子、耳朵等身體各部位的訊息。以這些訊息為基礎，腦才得以思考、記憶許多事物，以及對身體各部位發出指令哦。舉例來說，覺得「好熱！」、走路或是說話等等，這些都是根據腦的指令所產生的結果。所以說，腦部可是非常忙碌的。

此外，腦分成左腦及右腦。左腦對右半身，右腦則對左半身的肌肉下達命令。左右正好相反，很不可思議吧！

答案 A 第19頁的答案 ③下巴

位於下巴的肌肉稱為咀嚼肌，是由可活動下頜骨的四塊肌肉所組成的唷。

所有從全身上下收集而來的訊息，都是我在控制的哦

大　小： 大人的話，從前到後約為16～18cm

重　量： 大人的話約為1.2～1.3kg，嬰兒的話約為300～400g

個　數： 1個

主要的工作

- 控制全身的機能
- 處理從全身收集而來的訊息

特　技

人腦處理訊息的速度非常快，甚至不輸給電腦唷！

弱　點

不好好睡覺的話會很疲倦，導致精神恍惚、記憶力下降等等哦。

腦的構造

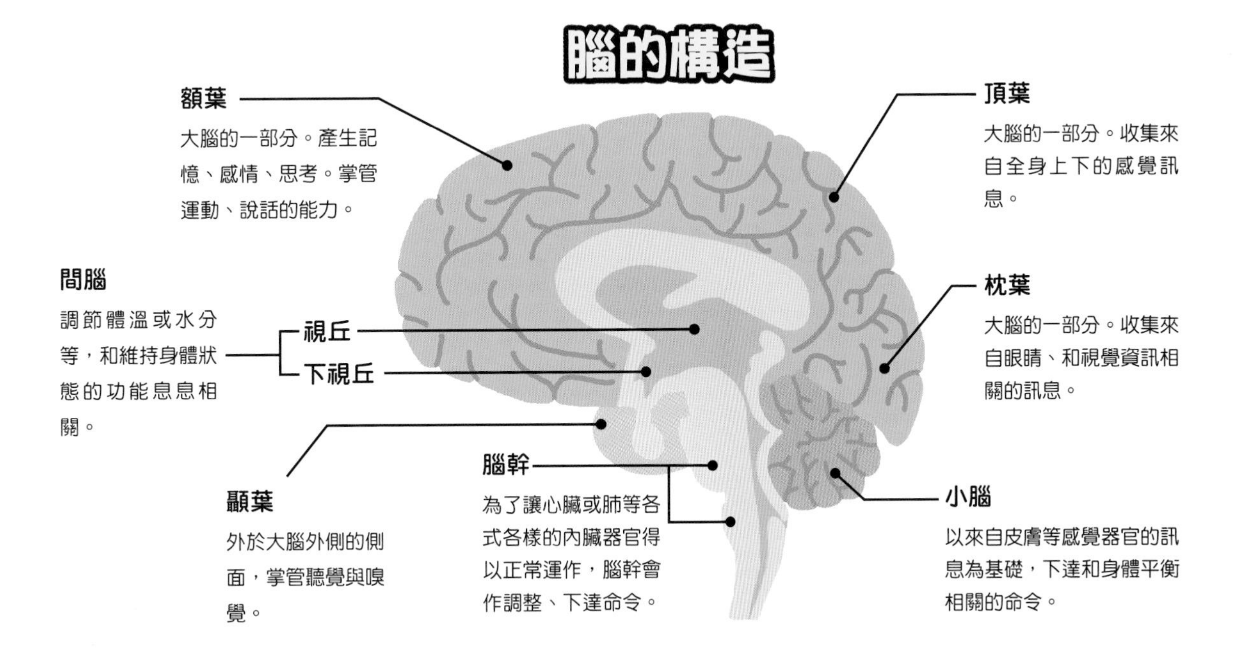

額葉
大腦的一部分。產生記憶、感情、思考。掌管運動、說話的能力。
頂葉
大腦的一部分。收集來自全身上下的感覺訊息。
間腦
調節體溫或水分等，和維持身體狀態的功能息息相關。
視丘
下視丘
枕葉
大腦的一部分。收集來自眼睛、和視覺資訊相關的訊息。
顳葉
外於大腦外側的側面，掌管聽覺與嗅覺。
腦幹
為了讓心臟或肺等各式各樣的內臟器官得以正常運作，腦幹會作調整、下達命令。
小腦
以來自皮膚等感覺器官的訊息為基礎，下達和身體平衡相關的命令。

猜猜Q
和人類的腦幾乎一個樣，在腦部上有許多皺褶的動物，是哪一種呢？
❶狗 ❷海豚 ❸鳥

人能夠記憶的資訊量有多少呢？

據說就算想把聽到的大量資訊一次記下來，之後能夠回想起來的也只有7個項目左右而已哦。不過，同一則訊息只要多聽個幾次，就能把該訊息保存在腦中，如此一來就可以記憶比較多的事情唷。

左腦與右腦是分開使用的！？

在大腦中，左腦擅長說話、計算、分析，以及思考事物等。而右腦則和感情息息相關，據說在聽音樂、創作方面很擅長唷！所有的人類，都會自然地將左腦與右腦分開使用。

因為緊張導致腦袋一片空白，這是為什麼？

「好緊張」的訊息，會經由神經傳達到腦中的海馬迴這個地方。結果就會不自覺地想起先前曾經失敗過的經驗，而變得無法去思考其他的事情哦。在正式上場前先做想像練習的話，會比較不容易緊張唷。

何謂蛛網膜

因蛛網膜下腔出血這個病症而為人熟知的「蛛網膜」，是包覆腦部的三層膜的其中一層。腦就跟豆腐一樣柔軟，所以在頭骨與腦之間，是被硬膜、蛛網膜、軟膜這些保護膜所包覆，而且還有腦脊髓液這種液體遍布其中，具有減緩外來衝擊的作用。

負責全身的訊息傳遞

神經

把來自身體各部位的訊息，轉換成電訊號後傳遞。看到、聽到、碰到等等，把來自身體外部的刺激化作訊息送至腦部的感覺神經，以及反向運作、接收來自腦部的指令後活動身體的運動神經，這兩種傳遞也是神經的工作。流汗、心臟跳動等，這些不受意識控制的部分，則是由自律神經這個地方在調節的。

答案 A

第21頁的答案 ❷ 海豚

人類以外的動物的大腦皺褶很少，但是像海豚或鯨魚這類智力比較高的動物，皺褶會比較多。

特技

神經元所產生的電訊號，可以在一瞬間傳到腦部哦！

弱點

神經一經嚴重損傷就會難以復原，有時甚至會導致身體功能麻痺、情緒不穩定唷。

全身的神經，
都是由我們
神經元大量相連
所構成的

個　數：只算腦部的話，也有大約數千億、數百億個

主要的工作

- 把來自腦部的指令傳遞至全身（運動神經）
- 把自外部受到的刺激傳至腦部（感覺神經）
- 控制內臟等（自律神經）

全身的神經

好厲害！

危險時刻神經會下達命令！

碰到很燙的物品手會立刻縮回來、絆到東西快要跌倒時，身體之所以能夠迅速地反應，都是因為神經直接下達指令的關係。因為如果要等待腦的指令就來不及了。這個瞬間的動作就是「反射」唷。

腦

脊髓

中樞神經

腦會收集全身的訊息。脊髓與全身上下的末梢神經相連，負責傳達命令。

神經傳導的構造

當受到疼痛等刺激時，神經元就會產生電訊號，並傳至下一個神經元。傳遞訊號的部分稱為「突觸」，重複傳導數次之後就會傳至腦部。

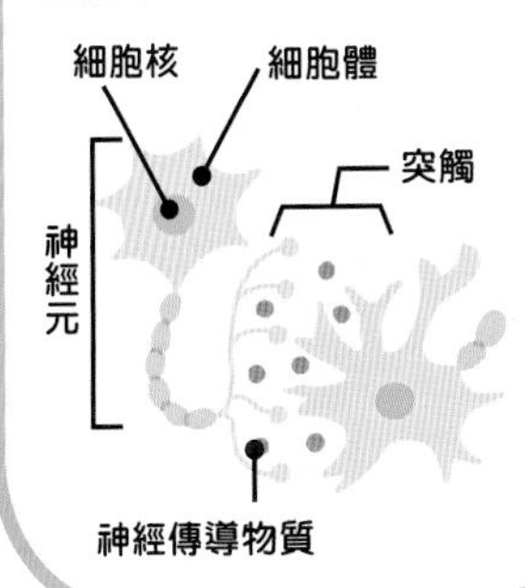

交感神經幹

位於脊柱兩側的神經纖維束。是中樞神經與交感神經的中繼點。

何謂自律神經

自律神經就是遍布於身體各器官及血管上的神經，分為交感神經與副交感神經。因為是種調節體溫及調整內臟運作的神經，所以一旦自律神經失調，就會導致頻尿、腸胃狀況變差等，對身體產生各式各樣的影響。

末梢神經

像樹枝一樣遍布於身體各部位，會將各部位的訊息傳至中樞神經，或接收中樞神經的命令再傳至身體各部位。

身體裡竟然有電在流動，真不可思議！

猜猜 Q

沒有神經通過的地方，是下列中的哪一個呢？

❶ 舌頭 ❷ 耳朵 ❸ 指甲

人體疑難雜問Q&A

身體所產生的不可思議現象，或是謠言背後的真相……。要來解決各位心中的謎團！

碳酸飲料會溶解骨頭是真的嗎？

碳酸飲料中，含有能夠溶解骨頭的成分——「磷酸鈣」，這是事實沒有錯。不過，碳酸水會立刻被分解為水及二氧化碳這兩種物質，所以實際上骨頭並不會溶解。那牙齒會不會溶解呢？嘴巴裡分泌的唾液會保護牙齒不被溶解骨頭的成分影響，所以是不會溶解的唷！

折手指發出喀喀聲。那是骨頭的聲音嗎？

並不是骨頭發出的聲音，而是空氣發出的聲音哦！連接骨頭與骨頭的關節之間，有著滑液這種液體，如果在彎曲關節時施加力量的話，滑液中就會產生空氣泡泡。然後，當泡泡破掉的聲音傳到骨頭，就會發出「喀」的聲音囉。

如果太常刻意發出這種聲音，有可能會引起關節發炎的症狀，所以請多加注意。

由於嬰兒的骨頭尚未成熟，所以很容易發出聲音唷

為什麼會肩頸僵硬呢？

所謂肩頸僵硬，就是指肩膀周圍的肌肉變得僵硬，而且會感到疼痛。平常肩膀周圍的肌肉，為了支撐頭部及手臂，需要時時刻刻接收新鮮的血液來維持運作。由於這些血流是經由活動肌肉所產生，所以如果長時間維持相同的姿勢，就會沒辦法接收血液，而變得很容易疲累。

血型的差異是什麼呢？

血型就是指製造血液的成分——紅血球的膜的差異唷。

主要有「A型抗原」和「B型抗原」，A型人的紅血球表面有「A型抗原」，B型人的紅血球表面則有「B型抗原」。AB型人的紅血球表面同時擁有A型及B型抗原，至於O型人的紅血球表面則是A型或B型抗原都沒有。

你是什麼血型～？

為什麼快樂的時光會覺得特別短暫呢？

快樂的時光之所以會過得特別快，是因為沉浸在令人感到快樂的事情當中唷。當精神過度集中，就會忘記去看時鐘，變得不會在意究竟過了多久時間，對吧？事後驚覺「已經這個時間了嗎！」，這種事也常常發生呢。

相反地，無聊的時候就會不停地去看時鐘等等，會覺得時間過得比平常還要漫長。

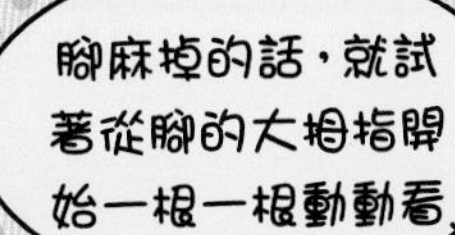

腳麻掉的話，就試著從腳的大拇指開始一根一根動動看

為什麼跪坐會造成腳發麻？

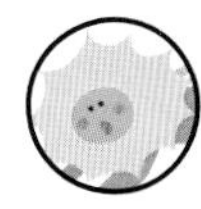

跪坐時，腳的神經會因為受到體重壓迫而無法運作，神經「發麻」就是在對肌肉送出危險信號。

再者，腳的血管也會因為被體重壓迫而變狹窄。如此一來血液循環就會變差，而無法將氧氣運送至足部。腳的神經為了表達「我缺氧啦！」，就會引起更強烈的「麻痺」唷。

談戀愛的時候，為什麼會有幸福的感覺？

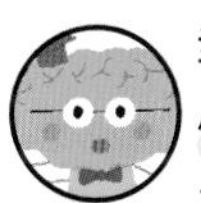

幸福的感覺，是由位於大腦內側直徑約1cm的「杏仁核」所產生。一旦墜入愛河，杏仁核就會分泌神經傳導物質「多巴胺」。當釋出多巴胺，心情就會變得特別好，能深刻地感受到幸福的感覺唷！

多巴胺也具有提高專注力、發想新點子的效果哦。

如果有了喜歡的人，在學習方面也會有所進步！

為什麼睡覺時會翻身？

睡覺的這段期間，心臟也不會休息，仍繼續送出血液至全身各處唷。如果一直維持相同的姿勢睡覺，就會無法活動到肌肉而導致血液循環變差，所以為了不要讓血液滯積在同一個地方，人在睡覺時會無意識地翻身。

此外，睡眠分成兩種：淺眠的快速動眼期睡眠（REM）與深眠的非快速動眼期睡眠（NREM），在切換這兩種模式的時候也會翻身哦。

體內是靠大家的團隊合作
才能順利運作的啊
好厲害！
就是這樣！
哼哼
尤其是將受到的外在刺激
告訴我的，就是這五個人唷
有眼睛！
我是眼睛
真是的～你也差不多
該習慣這些狀況了吧
我是皮膚
我是舌頭
我是鼻子
我是耳朵唷
我們從外面
保護身體，肩負著
有如守衛般的工作
守衛？
沒錯
我們可以盡早察覺潛藏在身邊
的危險！
好苦啊
這個搞不好
已經腐壞了！
好臭！
這可能是
危險物品！
嗚哇
好燙
藉著五人傳來的訊息
來判斷，要是有什麼
對身體有害的東西
正在接近
神經就會對肌肉
發出活動的命令！
就像這樣
守護著健太的
安全唷
絕佳的組合！
哇～

感覺器官

聽見聲音、嚐到味道。

人活著就會感知身邊發生的許多事物。

要來介紹名為「五感」、掌管感覺的器官囉！

覆於身體表面

皮膚、指甲、毛髮

感知熱、冷、軟、痛等刺激的「觸覺」，是由皮膚在掌管的。此外，皮膚也是身體的屏障，具有防止細菌或病毒入侵、調節體溫、避免身體乾燥等功能唷。

還有，你知道指甲及毛髮也是皮膚的一部分嗎？毛髮保護皮膚，指甲則負責保護指尖。兩者都會以一定的週期不斷再生哦！

答案

A 第23頁的答案 ③ 指甲

由於指甲或毛髮當中並沒有神經通過，所以就算剪了也不會痛唷。

指甲
沒有指甲的話，
指尖會使不上力唷

厚　度：約0.2mm

主要的工作

●支援腳尖及指尖

平均厚度為2mm，
包覆著全身唷
皮膚

表面積：大人的話約為1.6m^2（約1個榻榻米大）

重　量：大人的話約為3kg

主要的工作

●保護身體

●調節體溫

●感知疼痛、溫度

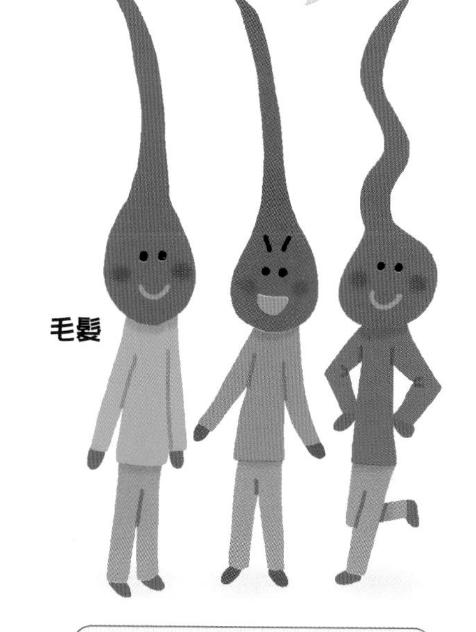

頭髮會以1天
0.2～0.3mm的
速度增長哦
毛髮

粗　細：一根頭髮約0.1mm

主要的工作

●保護皮膚表面

為什麼毛髮即使剪斷了還是會繼續長呢？

毛髮是在毛根製造出來的，也就是毛髮根部的部分。毛根埋在毛孔之中，每天都會有新的毛母細胞在此處生成唷。隨著毛母細胞的增生、成長，毛髮就會像推擠般從皮膚上逐漸長出來哦。

為什麼會長痘痘？

從毛孔中大量分泌出皮脂就是原因所在哦！雖然皮脂是保護肌膚免於乾燥的大功臣，但是分泌太多就會堵塞毛孔，導致細菌在毛孔裡增生。結果就會引起皮膚發炎，進而變成痘痘。

維持體溫的是汗！

人類的體溫總是維持在36～37℃。掌握一切關鍵的就是汗。汗具有幫助身體表面散熱的作用，所以當體溫上升時身體就會出汗，藉此讓體溫得以下降唷。酷暑的時候1天甚至會流出5～10ℓ的汗。

為什麼曬太陽之後會變黑？

紫外線是一種很強的光，若過度照射就會傷害真皮。為了保護皮膚不受那樣的刺激，當被紫外線照射時，位於表皮的細胞「黑色素細胞」就會產生「黑色素」這種黑色物質，所以皮膚才會變黑。

猜猜Q

生成新皮膚並汰換掉舊皮膚的這段期間，大概要多久？

❶ 約4個禮拜
❷ 約3天
❸ 約1年

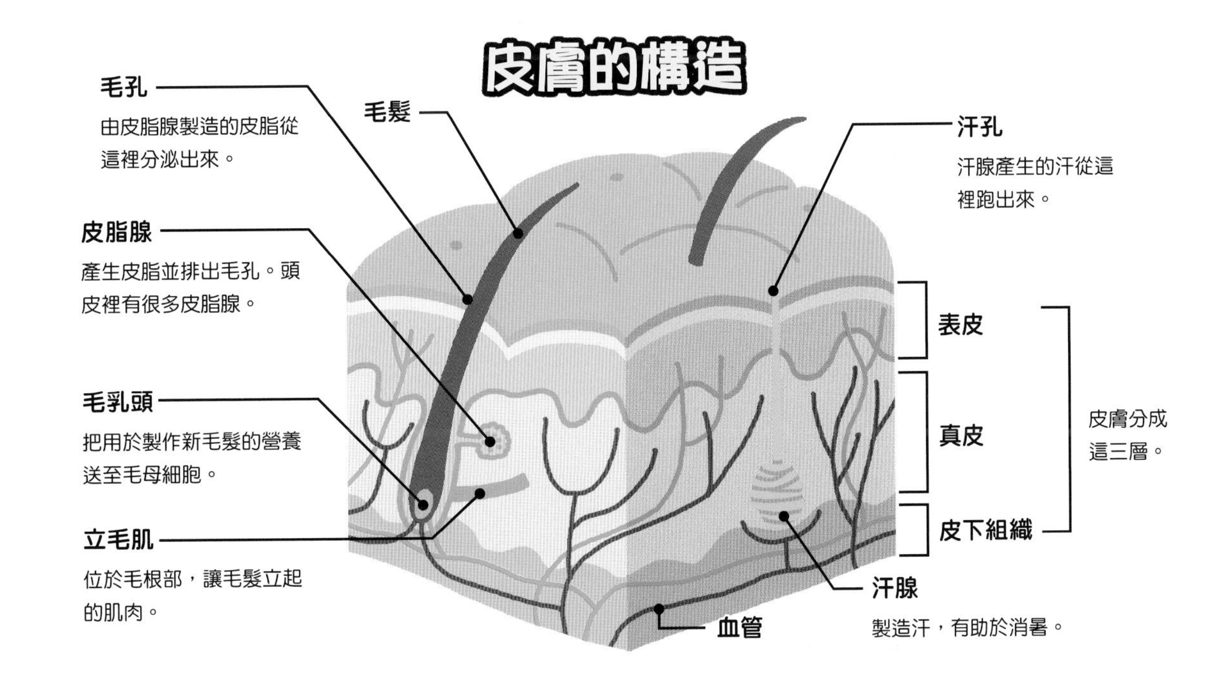

皮膚的構造
毛孔
由皮脂腺製造的皮脂從這裡分泌出來。
毛髮
皮脂腺
產生皮脂並排出毛孔。頭皮裡有很多皮脂腺。
毛乳頭
把用於製作新毛髮的營養送至毛母細胞。
立毛肌
位於毛根部，讓毛髮立起的肌肉。
血管
汗腺
製造汗，有助於消暑。
汗孔
汗腺產生的汗從這裡跑出來。
表皮
真皮
皮下組織
皮膚分成這三層。

感知氣味

鼻子

鼻子掌管著「嗅覺」，也就是嗅聞氣味的地方。在鼻子裡有著許多可感知氣味的受器哦！此外，鼻子也具有呼吸的功能。可讓空氣通過的鼻道位於鼻孔深處，能夠調節進入體內的空氣的溫度及濕度，以及排除廢物或灰塵。要是鼻子塞住了，不但會難以分辨各種氣味，連呼吸也會變得困難。

答案

A

第29頁的答案 ❶ 約4個禮拜

在皮膚深處會持續生成新細胞，至於表面的老舊細胞則會漸漸地剝落哦。

利用鼻毛，就可以把進到鼻子裡的灰塵阻隔在外唷

特技

鼻子的受器非常優秀，可藉著嗅聞來辨別約1萬種的氣味哦。

弱點

鼻子內側的黏膜非常敏感。一碰到病毒等就會想要將之沖掉，而開始流鼻水唷。

大　小： 大人的寬幅為4～5cm　高為2.5～3cm

個　數： 1個

主要的工作

- 感知氣味
- 吸入、吐出空氣
- 調節進入體內的空氣的溫度及濕度
- 排除進到體內的空氣中的灰塵

感知氣味的構造

依照①～③的順序，來傳遞氣味的訊息唷。

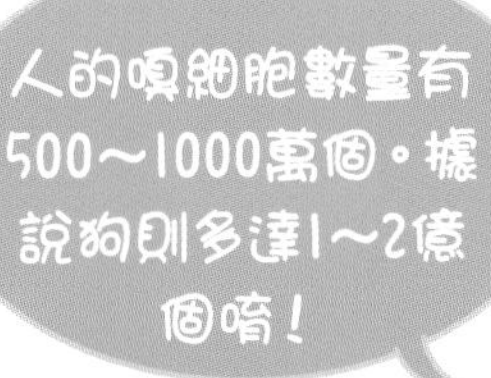
人的嗅細胞數量有500～1000萬個。據說狗則多達1～2億個唷！

腦
③嗅球
從腦延伸出的部分，接收氣味的訊息。
②嗅上皮
鼻孔的天花板部分。
具有感知氣味的嗅細胞。
①鼻腔
空氣中含有的氣味分子會從這裡進入。

感知氣味的嗅細胞上長有「嗅毛」，是一種被黏膜包覆的毛。這個嗅毛接收氣味的訊息後，會傳遞給嗅神經，接著嗅神經再將訊息傳至嗅球。就像這樣把訊息傳給腦部，感知氣味。

猜猜Q

感冒時的鼻屎是黃色的，是因為混入了某個東西。那是什麼呢？

❶ 氣味的成分　❷ 死掉的白血球　❸ 吃下的食物的殘渣

為什麼哭泣的時候會流鼻水？

因為眼睛和鼻子是由一條細管連接著的呀。在一般情況下，會製造出少量的眼淚（第33頁），不過要是一次流出大量眼淚的話，眼睛和鼻子之間的細管就會充滿淚水，導致眼睛流淚、鼻子流鼻水。

為什麼鼻子裡癢癢的就會打噴嚏呢？

當鼻子裡跑進異物、刺激到黏膜細胞時，為了排出異物就會打噴嚏。這就是噴嚏的真面目哦！對鼻黏膜的刺激會傳遞至肺及肺部周圍的肌肉並收縮，再一口氣鬆弛就會從肺部猛烈地噴出空氣。

鼻子內側的黏膜非常薄。所以稍微摩擦到就會流鼻血唷

好厲害！

就算沒有看到也能靠氣味知道！

例如咖哩，光聞到味道，就算沒看到實際的物體也能猜到那是咖哩。不過，並不是一生下來就可以準確地推測。人是藉著出生後感知各式各樣的氣味，才得以記住許多氣味的唷。

感知光線

眼睛

眼睛所掌管的，是觀看物體的「視覺」。左右眼捕捉到的訊息，會送往腦部唷。人從外部得到的訊息，據說有8成都來自於眼睛，可見眼睛擔當著十分重要的角色。製造眼淚也是眼睛重要的工作之一。眼淚可保持眼睛濕潤，還具有保護眼睛不被廢物或細菌入侵的功能哦！並不是只有在悲傷或高興的時候才會流眼淚的。

答案 A

第31頁的答案 ❷ 死掉的白血球

要是感冒了，和進入鼻內的細菌戰鬥過的白血球就會混入鼻水當中。這樣的鼻水乾掉之後就變成了鼻屎唷。

大　小：大人的眼球直徑約24mm

重　量：大人的眼球單顆約7g

個　數：2個

主要的工作
- 觀看物體
- 捕捉光線

特　技

利用左眼和右眼同時觀看物體，就能捕捉到該物體的立體影像。

弱　點

不眨眼的話，眼睛會乾澀、變成乾眼症，容易傷害到眼睛哦。

看見物體的構造

依照①～⑥的順序，來傳遞光線的訊息唷。

③水晶體（lens）
曲折進入眼睛的光線，並調節厚度以對焦。

④玻璃體

⑤視網膜
水晶體曲折後的光線會成像的地方。

黃斑
位於視網膜上，最能感知視力及色覺的部分。

①角膜

虹膜
調整進入眼睛的光線量。

②瞳孔
藉由虹膜的功能來變化大小。

⑥視神經

當通過角膜與瞳孔的光線進入水晶體後曲折，觀看到的物體的光線就會成像，投射在視網膜上。視神經會再把這個訊息轉換成電訊號，並傳至腦部。

猜猜 Q

睫毛及眉毛等，從新生到掉落的週期大概是？

❶ 1個禮拜 ❷ 3～6個月 ❸ 每天

為什麼在很黑的場所待久了，可以漸漸地看得到東西？

身處在黑暗的場所時，虹膜的功能會使瞳孔放大，藉此接收更多的光線，所以就算只有微弱的光線也能漸漸地看得到東西唷。相反地，如果一下子來到明亮的場所，光線會一口氣進到眼睛，所以才會覺得刺眼。

打太多遊戲的話眼睛會變差嗎？

長時間盯著遊戲畫面看的話，就必須一直聚焦在該處，會導致眼睛非常疲勞。有時甚至會造成視力模糊、難以看清東西哦！請注意不要花太多時間在打遊戲。

眼淚是從哪裡跑出來的？

眼淚是從淚腺這個地方製造出來的，平常會產生少量的眼淚唷。眼淚從淚腺出發，藉著細管通到眼睛表面流出來，以防止外部的廢物或髒汙附著在眼睛上。

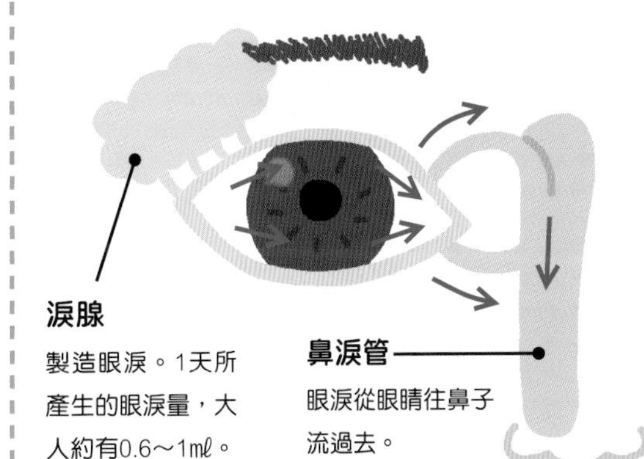

淚腺
製造眼淚。1天所產生的眼淚量，大人約有0.6～1mℓ。

鼻淚管
眼淚從眼睛往鼻子流過去。

感知聲音

耳朵

耳朵掌管的是聽見聲音的「聽覺」。耳朵不是只有在臉部外側看得見的部分而已，其構造一直延伸至深處哦。凸出於臉部兩側的「耳廓」會收集空氣中的振動，使位於耳朵深處的「鼓膜」振動，藉此感知聲音。聲音的大小、高音、低音等等，也能夠聽音分辨唷！此外，耳朵也可以感知身體的傾斜及旋轉動作等，具有保持身體平衡的功能。

答案

A

第33頁的答案 ❷ 3～6個月

相較於3～6個月就會停止生長的眉毛或睫毛，頭髮在2～6年內都會持續生長唷。

大　小： 大人的耳廓約為6～7cm

個　數： 2個

主要的工作

- 捕捉聲音的振動，傳至腦部
- 感知身體的旋轉動作及傾斜

特　技

從20赫茲的低音到2萬赫茲的高音，都可以聽音分辨唷。

弱　點

如果近距離聽到火箭的發射聲音等巨響的話，鼓膜可能會破裂哦。

為什麼耳朵有兩個？

藉由左右耳各自接收的聲音大小、聲音傳到耳朵所花的時間差，腦部才得以得知聲音傳來的方向。假設左耳較早接收到聲音，就可以得知聲音是從身體左方傳來的。如果是從正前方而來的聲音，就會同時傳到左右耳唷。

為什麼搭飛機的時候耳朵會痛？

在耳道深處有著名為鼓膜的薄膜。一般情況下，耳朵內側的空氣與外側的空氣，在鼓膜兩側是維持均等的力量互相抗衡。可是，在較高的場所空氣較稀薄，使得外側空氣的力量減弱，因而導致原本均等的力量失衡，所以就造成了耳朵深處耳鳴囉。

好厲害！

就算摀住耳朵還是聽得到自己的聲音！

平常聽到的聲音，是空氣的振動再加上頭部等的骨頭的振動，這兩種聲音在耳朵裡重疊。即使把耳朵摀住，骨頭的振動還是會傳到耳朵裡，所以仍聽得到自己的聲音。不過，摀住耳朵的時候，聲音聽起來會有種悶塞感或是產生扭曲等現象哦。

何謂半規管

半規管是捕捉身體的動作後，保持平衡感的器官。之所以能維持直挺挺站立等穩定的姿勢，都是半規管的功勞。如果半規管的功能變弱，就會容易暈眩、暈車。

能聽見聲音的構造

依照①～⑥的順序，來傳遞聲音唷。

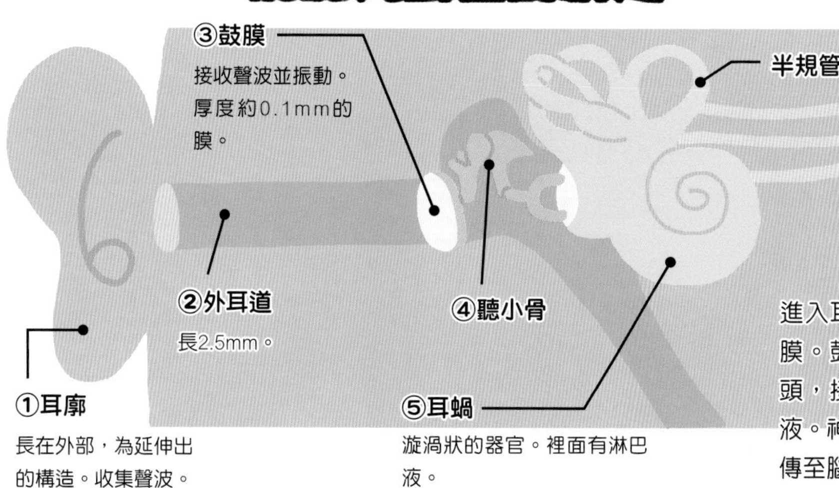

③鼓膜
接收聲波並振動。厚度約0.1mm的膜。
半規管
前庭神經
將平衡覺傳至腦部。
⑥耳蝸神經
將聽覺傳至腦部。
②外耳道
長2.5mm。
④聽小骨
①耳廓
長在外部，為延伸出的構造。收集聲波。
⑤耳蝸
旋渦狀的器官。裡面有淋巴液。

進入耳廓的聲波通過外耳道後會振動鼓膜。鼓膜的振動會傳遞至聽小骨這個骨頭，接著再傳遞至後方的耳蝸中的淋巴液。神經將振動轉換成電訊號後，將訊息傳至腦部。

猜猜 Q

連超出人類聽力範圍七倍以上的高音都聽得見的動物，是哪一種呢？

❶ 海豚 ❷ 貓咪 ❸ 兔子

感知味道

舌頭

舌頭掌管的是感知美味的「味覺」。在舌頭表面有許多顆粒狀對吧？這些小顆粒稱作「味蕾」，約有5000個可感知味道的受器。食物的溫度及軟硬度等，也是舌頭在感知的哦。此外，舌頭的動作非常靈活。將吃下的食物在口中混合、幫助吞嚥、依詞彙發音等時候，舌頭的動作都是不可或缺的唷！

答案

A

第35頁的答案 ❶ 海豚

海豚所能聽見的最高頻率是15萬赫茲。牠們是用人類無法聽見的高音在溝通的。

你知道味道的種類有這五種嗎？

大　小：大人約為7cm

個　數：1個

主要的工作

- 感知味道
- 依詞彙發音
- 將食物送往喉部

特　技

舌頭僅由肌肉構成，所以能夠做出複雜的動作、改變形狀等等哦。

弱　點

如果飲食生活不正常，之後可能會導致感知味道的受器變弱唷。

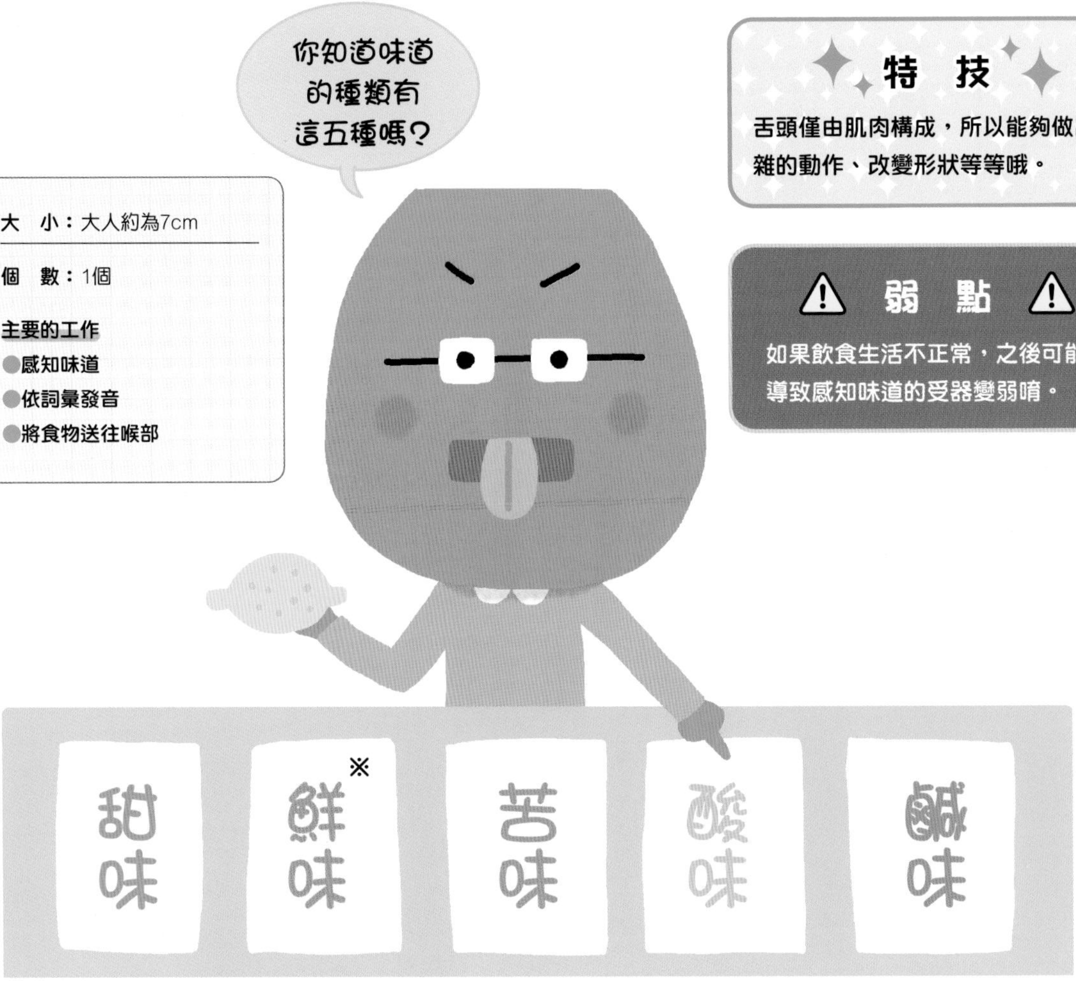

甜味　鮮味※　苦味　酸味　鹹味

※所謂鮮味，是指昆布、香菇或柴魚片等的高湯味

舌頭的構造

舌扁桃腺

分布在舌頭的根部。防止病原體入侵體內。

輪廓乳頭

位於舌後，具有味蕾的乳頭。

葉狀乳頭

排列於舌頭側邊。

絲狀乳頭

位於舌前。沒有味蕾。

蕈狀乳頭

位於舌前，具有味蕾的乳頭。

聽說如果吃太多辣的食物，味蕾會減少！

當位於舌頭表面（輪廓乳頭和蕈狀乳頭）的味蕾碰到有味道的物質時，味蕾中的味細胞就會將之作為味道訊息並轉換成電訊號，藉此從味覺神經將訊息傳遞至腦部。

辣味並不是一種味道？

辣味並不是味蕾捕捉到的味道，而是經由疼痛和灼熱感所捕捉到的感覺哦！當吃到辣椒等食物時，就會出汗、嘴巴裡覺得火辣辣的。這種感覺並不是味道，而是一種刺激。除此之外，也有像山葵那樣令人嗆鼻的辛辣味唷。

長大後就會喜歡上苦的食物，這是真的嗎？

小孩子的味蕾很多，所以會覺得苦味加倍強烈。不過味蕾會隨著年齡增長而逐漸減少。如此一來，感知味道的能力也會減弱。所以長大之後，對於啤酒或是咖啡等帶苦味的食物，反而會覺得美味唷。

為什麼捏住鼻子會感受不到味道？

感知味道的不是只有味覺而已。由鼻子感知的食物氣味，也是覺得美味的重要關鍵之一唷。因為感冒等而鼻塞時，會難以辨別食物的味道，就是這個緣故哦。

舌頭遇到熱水也不會燙傷！

據說舌頭上感知溫度的受器比身體還要少唷。所以就算喝下了用手都難以觸碰的熱水，也不會有事。不過要是太熱的話還是會燙傷，所以還是得小心一點，不要狼吞虎嚥哦！

猜猜 Q

不只是舌頭，全身上下具有多達20萬個味蕾的動物，是哪一種？

❶ 變色龍 ❷ 蝙蝠 ❸ 鯰魚

人體疑難雜問 Q&A

感覺器官還有好多好多
不可思議的事情唷！

被蚊子叮咬之後為什麼會癢呢？

蚊子是利用細針般的器官刺入人的皮膚來吸血的唷。並不是馬上就開始吸血，而會先把唾液送入皮膚當中。這種唾液中所含有的成分，能夠減緩被針戳的刺痛感哦。
不過對人體而言，這種成分和病毒之類的入侵者是相同的。身體判斷蚊子的唾液是來自外部的有害物質，進而引起發癢。

切洋蔥的時候為什麼會流眼淚呢？

切洋蔥的時候會破壞洋蔥細胞，切下的洋蔥會釋出「酵素」與「胺基酸」這些成分到空氣中。
這些成分一接觸到空氣，就會變成「二烯丙基二硫」這種物質。而這個二烯丙基二硫具有刺激眼睛流淚的作用。如果這種物質跑進眼睛或鼻子裡，就會流眼淚、覺得刺鼻唷。

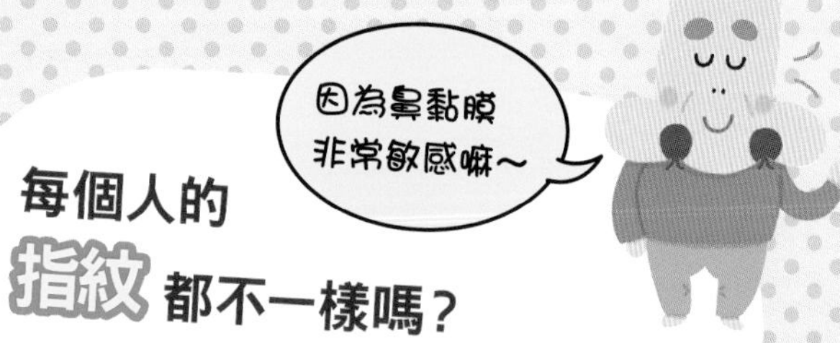

指甲為什麼會變長？

指甲會隨著生活自然地磨損，所以每天都會持續生長。
隱藏在皮膚底下，位於指甲根部的「甲根」部分，每天都會製造少量的指甲唷。新生成的部分會把舊的指甲往上推，1天會生長個0.1～0.15mm唷。

每個人的指紋都不一樣嗎？

每個人的指紋都不一樣哦。還是母親腹中的胎兒時，就已經開始在形成指紋了。
基本上來說，根據遺傳可大致分為三種類型：有如漩渦般形狀的「斗形紋」；從同個地方起始再回歸到相同的地方，有如馬蹄的「箕形紋」；有如弓一般的「弧形紋」。

感冒的時候，為什麼醫生要看舌頭呢？

看舌頭可以得知身體的健康狀況。舉例來說，舌頭顏色白白的話就知道是營養不良，呈現紫色的話則可能有心臟方面的疾病。

此外，舌頭表面有「舌苔」這樣的白色苔狀物，舌上遍布著一層薄薄的舌苔是正常的，但若不是這樣的話，就代表內臟可能發生變化，或是得了感冒等等唷。

半規管是感知「旋轉」，前庭神經則是感知「傾斜」的地方唷

為什麼轉個好幾圈就會開始頭昏眼花？

眼睛會試圖觀看不停轉動的景色，想要追上周遭的物體，但是當無法跟上使人眼花撩亂、不停移動的景色時，到最後就會變得搞不清楚自己在看什麼，腦袋陷入一片混亂。

此外，來自位於耳朵深處的半規管與前庭神經的訊息，也會無法順利地傳送至腦部。這就是頭昏眼花的原因。

為什麼冷的時候會起雞皮疙瘩？

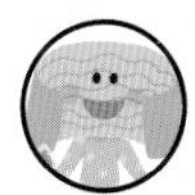

感到寒冷時，位於體毛根部的「立毛肌」會自然而然地進行收縮。立毛肌一收縮，從毛孔裡長出來的毛髮就會被拉扯，倏地立起來，整個毛孔也會緊緊閉上。

如此一來，平常看起來平順的毛孔就會凸起來，變成雞皮般的顆粒狀外觀唷。

緊張或是感動的時候，也會起雞皮疙瘩對吧！

痣是什麼？

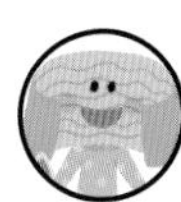

皮膚中遍布著「黑色素細胞」，是種能製造黑色素的細胞，據說痣就是這個黑色素細胞經過變化之後形成的細胞斑塊，稱為「母斑細胞」。而且一旦形成痣之後就不會消失哦！長大之後，母斑細胞的數量會增加，有時候原本平坦的痣還會像疣那樣凸起來唷。

舌頭在嘴巴裡
還有負責一個
很重要的工作唷
咦？
不是只有感知
味道而已嗎？
還有讓吃下的
食物變得更容易
消化的功能
消化是…？
如果吃下的食物
保持原來的形狀，
是進不了喉嚨深處的，
而且營養也沒辦法
被人體吸收
所以
就必須將形狀
解體、變小、溶解，
這就稱作「消化」唷
消化
為了吸收營養，
要做那樣的工作呀
謝謝你舌頭先生
和吸收營養
相關的器官
並不是只有我啦
哈哈哈
沒錯唷
體內會慢慢地
重複消化與吸收，
藉此吸收營養
從嘴巴
進入
再進到肚子，
一路往下…
然後在最後
吸收完營養，
剩下的就…
從屁股出去…
?
是大便！
我知道！
就是這樣！
那麼接下來就前往
和消化有關的同伴們
的工作場所逛逛吧
Let's
go!

消化、吸收食物的器官

食物在進到嘴巴之後，

是如何通過體內的，

你有沒有想過呢？

這些器官和食物變成大便之前的過程息息相關，

接下來就要看看他們各自具有的功能唷！

食物的入口。嘴巴會分泌唾液（口水）將食物分解，讓吞嚥更容易進行唷。除此之外，也能夠吞吐氣息，要和他人講話時，活動舌頭及嘴唇就能發話哦。位於嘴巴深處的喉嚨，連接著吃下的食物會經過的食道，以及空氣會通過的氣管。

答案

A

第37頁的答案 ③鯰魚

為了在混濁的水中確認是不是可以吃的獵物，全身上下都有味蕾。

要不斷咀嚼才會產生唾液，所以吃東西的時候好好咀嚼是很重要的唷
唾液

唾液的功能

能將吃下的食物軟化、變得更容易消化。也具有防止病毒入侵體內的作用。

特技

吃東西、講話等，和舌頭及牙齒合作來完成許多動作唷。

弱點

如果處於緊張或是擔心的狀態，就會變得難以分泌唾液哦。

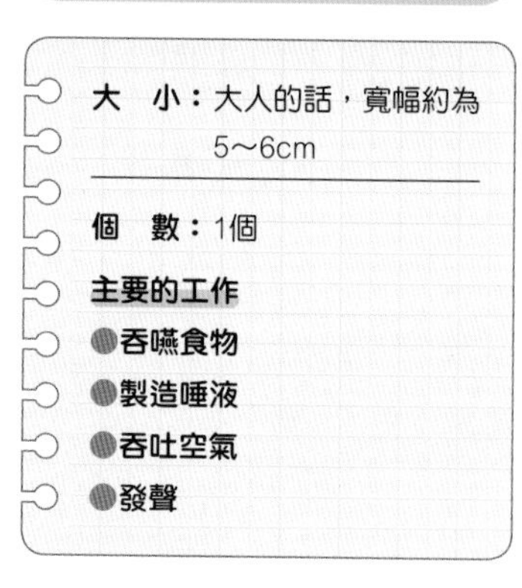

大　小：大人的話，寬幅約為5～6cm

個　數：1個

主要的工作
- 吞嚥食物
- 製造唾液
- 吞吐空氣
- 發聲

製造唾液的場所

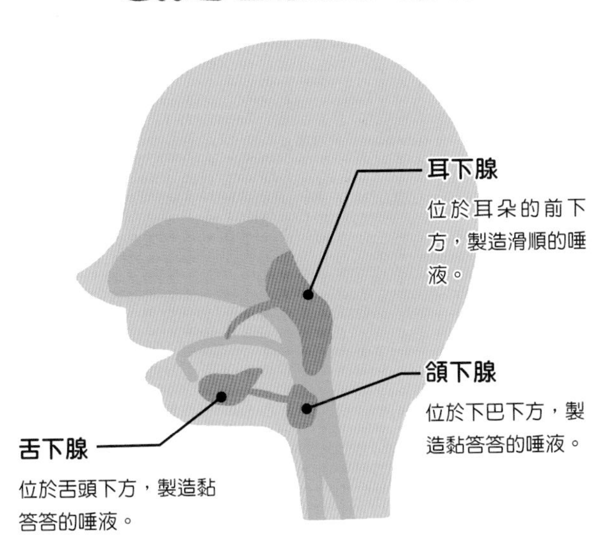

耳下腺
位於耳朵的前下方，製造滑順的唾液。
頜下腺
位於下巴下方，製造黏答答的唾液。
舌下腺
位於舌頭下方，製造黏答答的唾液。

聽說1天可以產生1～1.5ℓ的唾液！

猜猜Q

嬰兒1天分泌的唾液（口水）量，大概有多少？

❶ 2ℓ（大寶特瓶1瓶的量）
❷ 200mℓ（杯子1杯的量）
❸ 9～12ℓ

想像美味的食物時，為什麼會流口水？

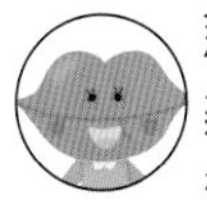

那就是所謂的條件反射。如果曾經覺得很美味，當看到該食物、聞到味道、或光是想像也會讓身體有反應，分泌出口水（唾液）唷。看到酸溜溜的梅乾時會流口水，也是因為喚醒了酸酸的記憶的關係。

打嗝是什麼？為什麼會打嗝呢？

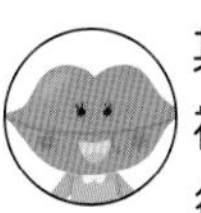

其實在吞嚥食物或飲料時，空氣也會一起被吞下肚。喝下含碳酸的果汁後，會變得很容易打嗝對吧？當胃裡有空氣累積時，胃就會膨脹，不久後空氣便會倒流。這就變成打嗝從嘴巴跑出去了。

早上起床的時候，為什麼嘴巴會臭？

由於睡覺期間唾液的分泌量會減少，所以嘴巴裡較乾燥，導致細菌變得比較活潑。然後就會產生刺激性的氣體，這就是臭味的源頭哦！如果睡前沒有刷牙，汙垢就會殘留在牙齒上，容易讓味道變重唷。

小舌是嘴巴和鼻子之間的蓋子！？

懸掛在喉嚨深處的「小舌」，正式名稱叫做懸雍垂唷。由於喉嚨同時連接著嘴巴和鼻子，所以為了不要讓進到口中的食物或飲料跑去鼻子那邊，小舌具有蓋子的作用。

磨碎食物

牙齒

人一生當中會長出的牙齒，乳齒有20顆，恆齒有28～32顆哦。乳齒在嬰兒時期開始生長，差不多到了小學生時期就會漸漸地換牙，長出大人的牙齒——恆齒。白色的堅硬部分是牙冠，埋在牙齦裡面的部分則是牙根唷。正因為有牙齒，才能夠把吃下的食物咬碎、磨碎，津津有味地大口吃飯。

答案

A 第43頁的答案 ③ 9～12ℓ

嬰兒為了保護自己不受入侵體內的病毒傷害，會分泌很多唾液唷。

特技

覆於表面的牙釉質比骨頭還硬，是人體當中最硬的部分唷！

弱點

不好好地把牙齒刷乾淨的話，口中的細菌就會增生，變成蛀牙哦。

大　小： 恆齒中最小的門牙高 8.5cm

個　數： 乳齒有20顆
恆齒有28～32顆

主要的工作

嚼碎食物

薄且平的前端，可以切斷、撕裂食物唷

門牙（門齒）

表面凹凸不平，擅長磨碎食物哦

小臼齒

位在深處，用強大的力量磨碎食物唷

大臼齒

犬齒

在門牙旁邊的牙齒。前端很尖銳，所以擅長咬斷食物

為什麼**小孩的牙齒**需要換牙呢？

大人與小孩子的臉，大小不一樣對吧！隨著逐漸成長，牙齒生長的下巴骨頭也會跟著變大，而乳齒在大小及數量方面皆不足以應付這樣的變化。所以才會長出和下巴大小相符的恆齒哦。

沒有牙齒的話會很困擾？只少一顆左右就沒關係了嗎？

所有的牙齒都有其功用，不管是少了哪一顆牙齒，對其他的牙齒都會造成負擔。所以才必須安裝假牙。要是就這樣空著不管，之後連周邊牙齒的狀況也會變差哦。

吃甜食的話會容易**蛀牙**？

如果吃了甜食，口中就會殘留含有糖分的殘渣。而蛀牙菌最喜歡這種糖分了。當蛀牙菌吃下這些糖分，便會產生「酸」這樣的物質附著在牙齒表面上。結果就會導致保護牙齒表面的牙釉質溶解，變成蛀牙。

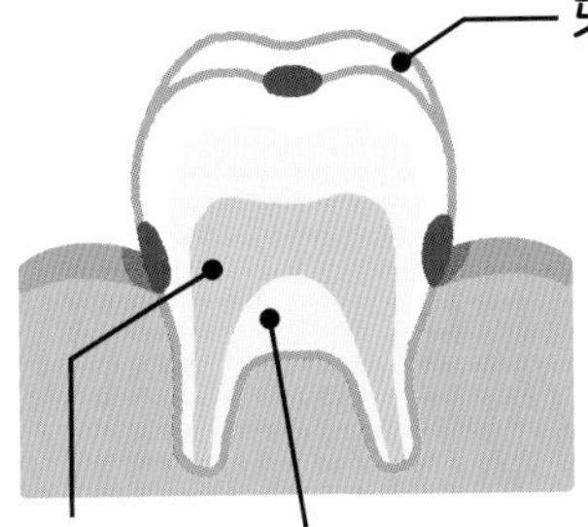

牙齒上若殘留食物殘渣等，該處就會有細菌滯留，溶解牙釉質。

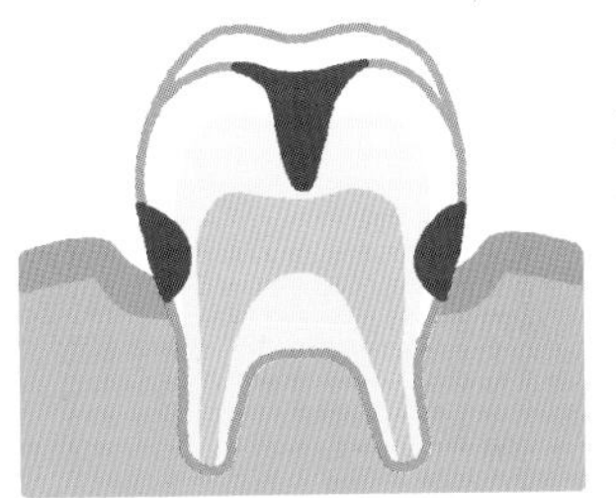

溶解完牙釉質後，接下來就溶解牙本質。會開始對冰冷的食物等敏感。

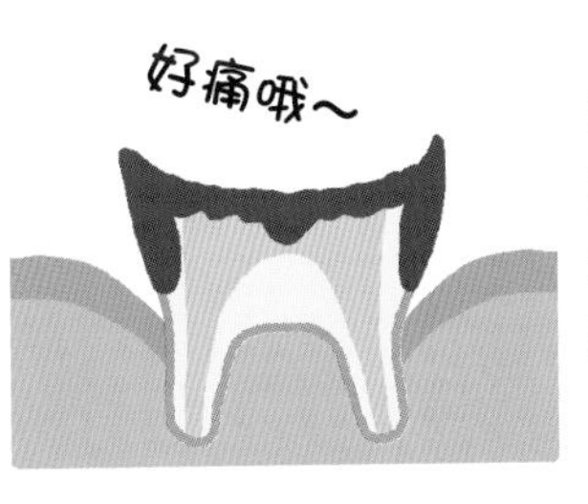

當牙本質溶解，有神經通過的地方——牙髓被開了個洞的話，就會感到劇烈的疼痛。

何謂智齒

雖然恆齒總共有28顆，不過在18歲至30歲左右的這段期間，有時候會在嘴巴上下的深處再長出4顆牙齒。這就稱作「智齒」。根據生長方式，有時候會造成劇痛，也會有必須要拔除的情況。也有些人一輩子都不會長智齒。

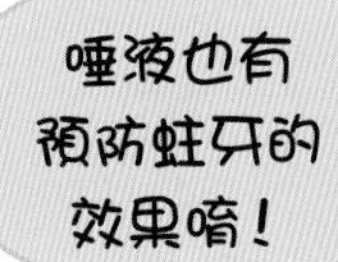

猜猜 **Q**

人的牙齒只會換一次，但有些動物卻能夠不停換牙唷。是哪一種動物呢？

❶ 鯊魚
❷ 狗
❸ 松鼠

溶解食物

胃

胃是由平滑肌這種肌肉所構成，形狀有如袋子一般哦。所以有時候也會稱作胃袋呢。人所吃下的食物，最一開始會儲存在胃裡。胃會製造胃液，經由肌肉的收縮將這個胃液和食物混合在一起，藉此軟化食物唷。這個動作就稱作「蠕動」。胃就是像這樣在進行讓食物變得更容易消化、吸收的準備工作。

答案 A

第45頁的答案 ❶鯊魚

鯊魚的牙齒就算斷了好幾次，仍可以再長出新的哦！而松鼠雖然不會換牙，但牙齒會一直生長唷。

特 技

胃的平滑肌容易延展，如果吃到很飽，甚至可以膨脹到空腹時的約三倍大哦。

弱 點

抗壓性低，功能會變差。如果一直無法消除壓力，有時候胃還會破洞唷。

大　小：和拳頭差不多大

容　積：1300cc

個　數：1個

主要的工作

- 暫時性儲存食物
- 製造胃液和食物混合

食物浸到胃液後，
花3～6個小時就會
慢慢溶解唷
胃液

胃液的功能

從胃的內側黏膜分泌出的胃液中，含有消化酶及鹽酸等物質。可以消化、分解食物及殺菌。

肚子餓的時候，為什麼會咕嚕咕嚕叫呢？

胃經常在重複膨脹與鬆弛的動作唷！如果胃在空蕩蕩的狀態下蠕動，空氣就會被擠往腸子那邊。這時候發出的聲音就是咕嚕聲的真面目。所以肚子餓的時候才會常常發出聲音囉。

真的有另一個胃嗎？

就算已經吃得很飽，當喜歡的食物出現在眼前時，腦部仍會對胃發出命令，使胃部的運作活躍起來。將胃裡的一些食物送到腸子裡，或把胃撐大等等，營造出能夠再進食的容納空間。也就是說，實際上根本沒有另一個胃啦！

胃一開始工作就會變得很睏

吃飽後會想睡覺，是因為胃為了要消化食物，在努力工作的關係。胃工作時需要大量的氧氣，所以運送氧氣的血液就會往胃部集中。如此一來，身體其他部分的氧氣量就會不足，而容易覺得想睡覺。

胃蠕動的過程

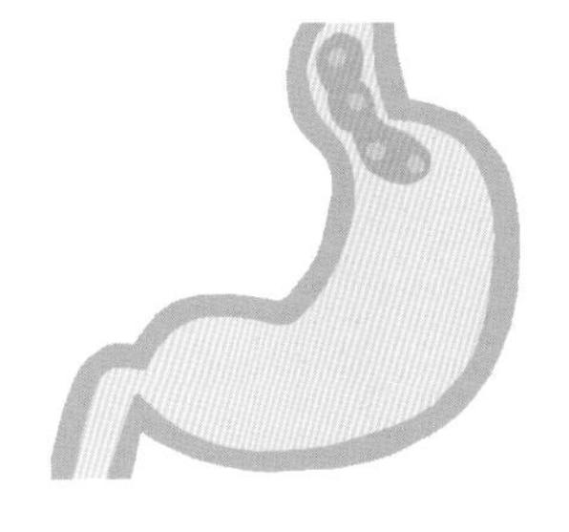

食物進入胃部後，會先暫時儲存在胃上部。

胃的肌肉伸縮，將食物與胃液混合。變軟的食物會流往胃的下方。

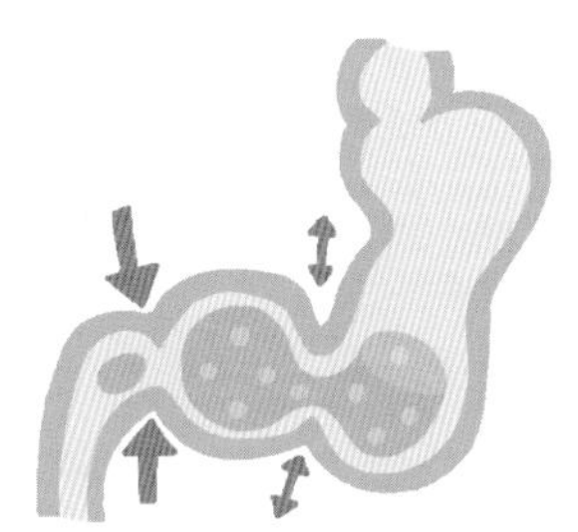

胃下部進一步加強伸縮，經過數次混合，一點一點地將食物往小腸的方向擠出去。

何謂消化液

消化液是一種液體，功能是讓吃下的食物變得更容易消化。是由胃等消化器官分泌。此外，胃液很容易受溫度變化影響，如果吃太多冰冷的食物讓胃受寒，會導致其功能變弱。因此，吃太多冰品等食物的話，就會肚子痛。

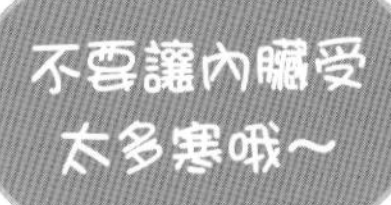

食物通過食道並抵達胃部，大概要花多久時間？

❶ 1秒 ❷ 10秒 ❸ 1分鐘

儲存營養轉換成能量
肝臟

肝臟對身體而言是像化學工廠一樣的地方。把營養素轉換成在體內容易利用的形式，或是儲存起來。當需要營養來打造身體時，就會藉著血液將營養送往全身哦。除此之外，肝臟還會分解對身體不必要的物質或有害物質再排到體外，也會幫忙分解酒精及脂肪等。肝臟總是十分忙碌地在工作。

第47頁的答案 ❷ 10秒

食道和胃一樣，是藉著擴張、收縮的「蠕動」將食物推擠出去的唷。

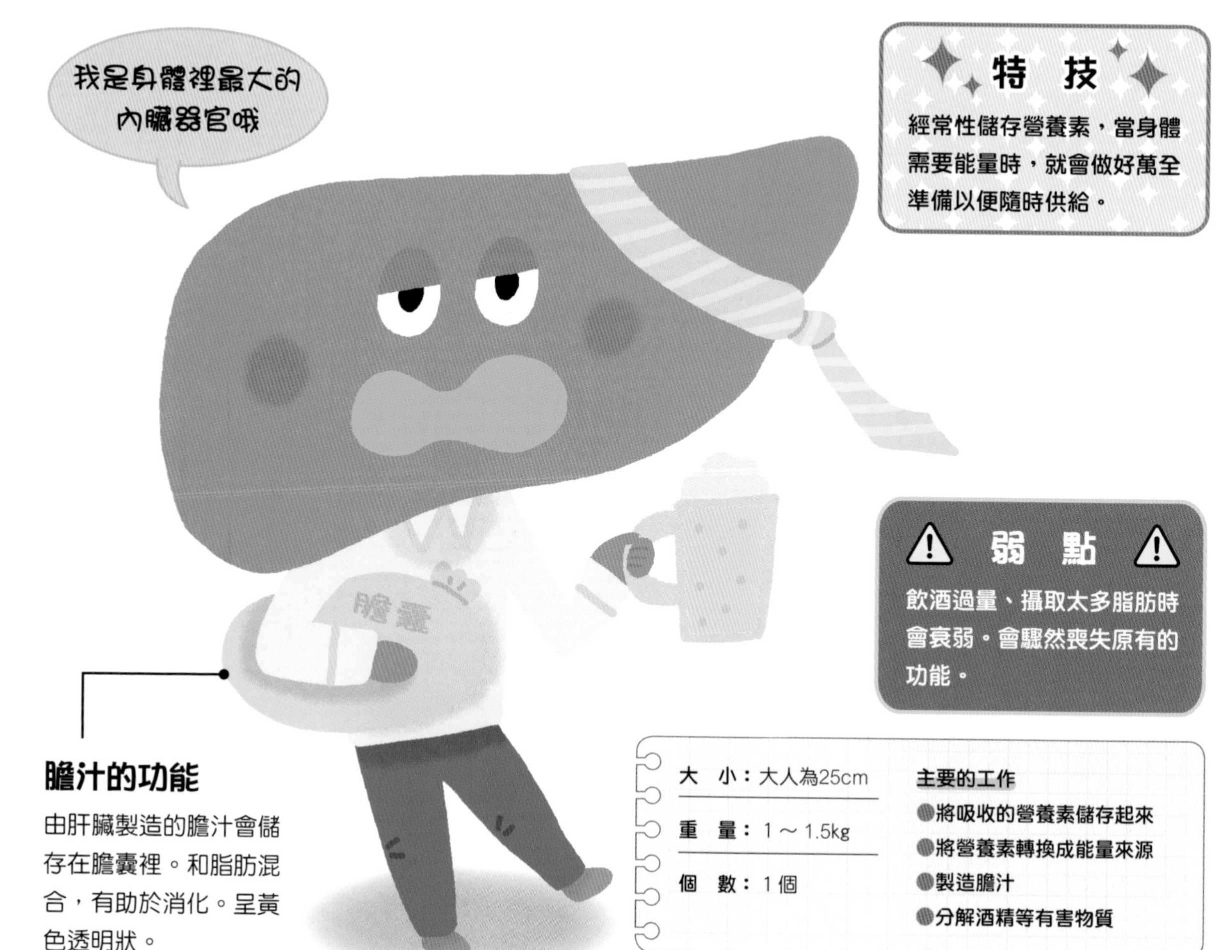

特 技

經常性儲存營養素，當身體需要能量時，就會做好萬全準備以便隨時供給。

弱 點

飲酒過量、攝取太多脂肪時會衰弱。會驟然喪失原有的功能。

膽汁的功能

由肝臟製造的膽汁會儲存在膽囊裡。和脂肪混合，有助於消化。呈黃色透明狀。

大 小：大人為25cm

重 量：1～1.5kg

個 數：1個

主要的工作

- 將吸收的營養素儲存起來
- 將營養素轉換成能量來源
- 製造膽汁
- 分解酒精等有害物質

肝臟主要的四個功能

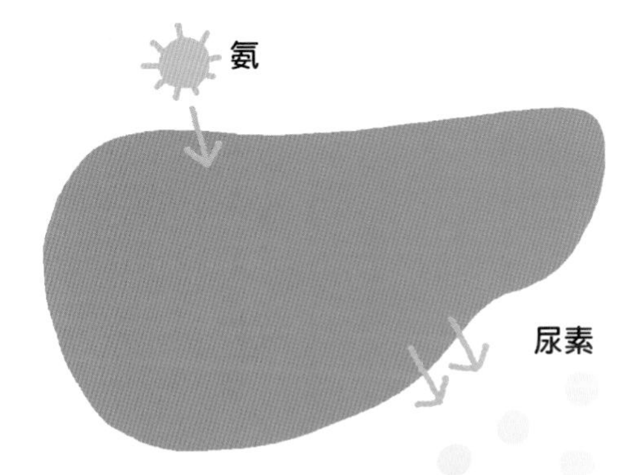

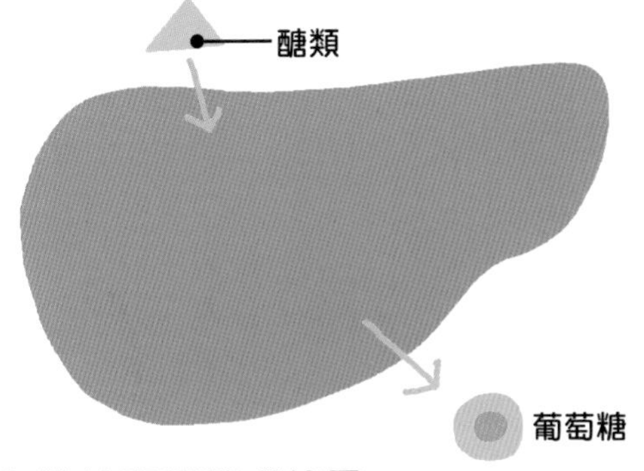

儲存身體必需的營養素

在小腸吸收、經由血液運送的營養素，以及各種維生素、鐵質，皆由肝臟負責儲存。

將營養素轉換成能量

將吸收的營養素轉換成在體內容易利用的形式，作為能量送出。

把對身體有害的物質排出體外

分解酒類中含有的酒精及氨等有害物質，再混入尿液中排出體外。

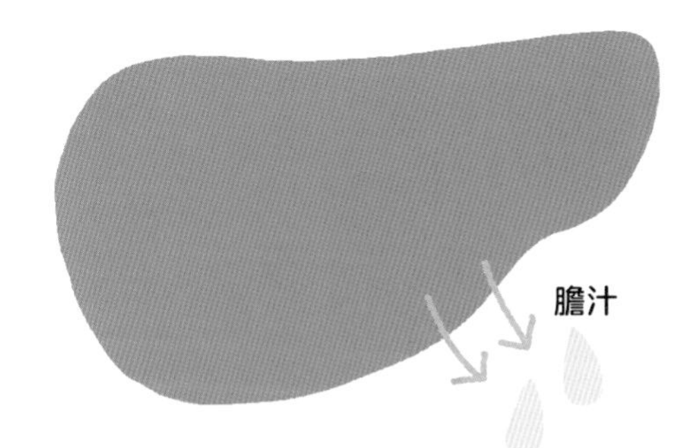

製造和消化有關的膽汁

由肝細胞製造膽汁。製造出來的膽汁會先儲存在膽囊，再送去十二指腸。

猜猜Q

雞或是豬等動物的可食用的肝臟，叫做什麼？

❶ 橫膈膜 ❷ 肝 ❸ 激素

肝臟就算切掉了仍然可以再生！

如果切取體內的內臟，便無法再恢復原狀。不過，唯獨肝臟能夠再生被切走的部分。假設今天拿走了近3分之2的肝，過了1年之後還是會恢復成幾乎和原本一樣的大小唷！所以在做肝臟方面疾病的手術時，有時也會切取肝臟進行移植。

為什麼喝了酒之後身體會搖搖晃晃的？

要是飲酒過量，肝臟就會來不及代謝，酒精被分解後所產生的物質——乙醛，甚至會溶到血液當中。當乙醛被運往全身，使腦的功能跟著麻痺，身體就會變得搖搖晃晃的囉。

注入消化液
胰臟、
十二指腸

胃的後方有胰臟，而包在周圍的則是十二指腸。兩種器官都有助於消化吃下的食物唷。在胃裡溶解的食物會流進十二指腸，接著由胰臟分泌的胰液再加上膽汁會注入其中，進一步消化食物。此外，胰臟還會製造「胰島素」，這個重要的激素具有控制飯後血糖值的功能哦。

答案
A
第49頁的答案 ❷肝
肝含有大量的鐵質，是公認營養價值極高的食品唷。

肝臟
從胃運送而來的食物中，會再加入兩種消化液
膽囊
胰臟
胰液
十二指腸是小腸的一部分唷
十二指腸

胰液的功能

蛋白質、碳水化合物、脂質，胰液全都可以分解。含有許多強大的消化酶，肩負消化的主要任務。

十二指腸

長　度：25cm（大約是大人的12指寬）

主要的工作
- 在食物中混入膽汁與胰液
- 中和胃液

胰臟

大　小：長15cm 寬3～4cm

個　數：1個

主要的工作
- 製造胰液
- 製造可調整血糖值的激素

十二指腸的消化構造

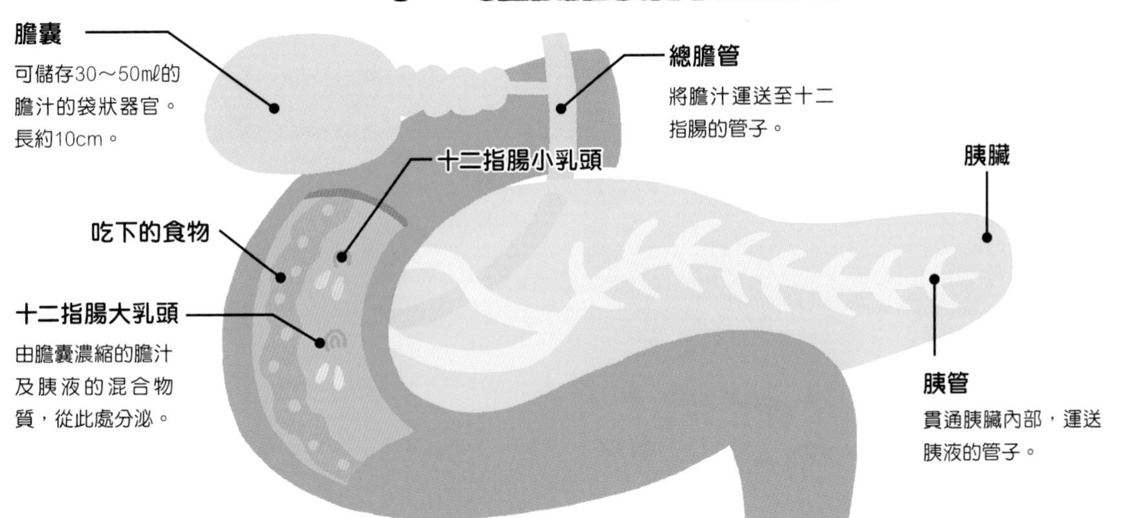

可儲存30～50mℓ的
膽汁的袋狀器官。

將膽汁運送至十二
指腸的管子。

由膽囊濃縮的膽汁

質，從此處分泌。

貫通胰臟內部，運送
胰液的管子。

在胃部變得軟爛的食物被送入十二指腸後，膽囊與胰臟就會開始運作。從十二指腸小乳頭泌出胰液，從十二指腸大乳頭泌出膽汁與胰液的混合物質，注入食物當中。

何謂血糖值

血糖值就是表示血液中葡萄糖濃度的數值。健康成年人的正常值，於空腹時100mℓ血液中應為70～110mg，飯後兩小時應為80～140mg。據說如果血糖值一直處於高標的狀態，就會容易罹患糖尿病等嚴重的疾病。

猜猜Q

胰臟裡也有製造激素的器官，叫做某某島唷。是什麼島呢？

❶ 浮羅交怡島 ❷ 歐胡島 ❸ 胰島（蘭氏小島）

好厲害！

控制肝臟的胰臟

胰臟所分泌的兩種激素——胰島素與升糖素，能夠促使肝臟運作，藉此調整血液中的葡萄糖含量。由於葡萄糖是賴以維生的重要能量來源，所以太多或太少都不是好事哦。

血液中的葡萄糖太多的時候

血液中的葡萄糖太少的時候

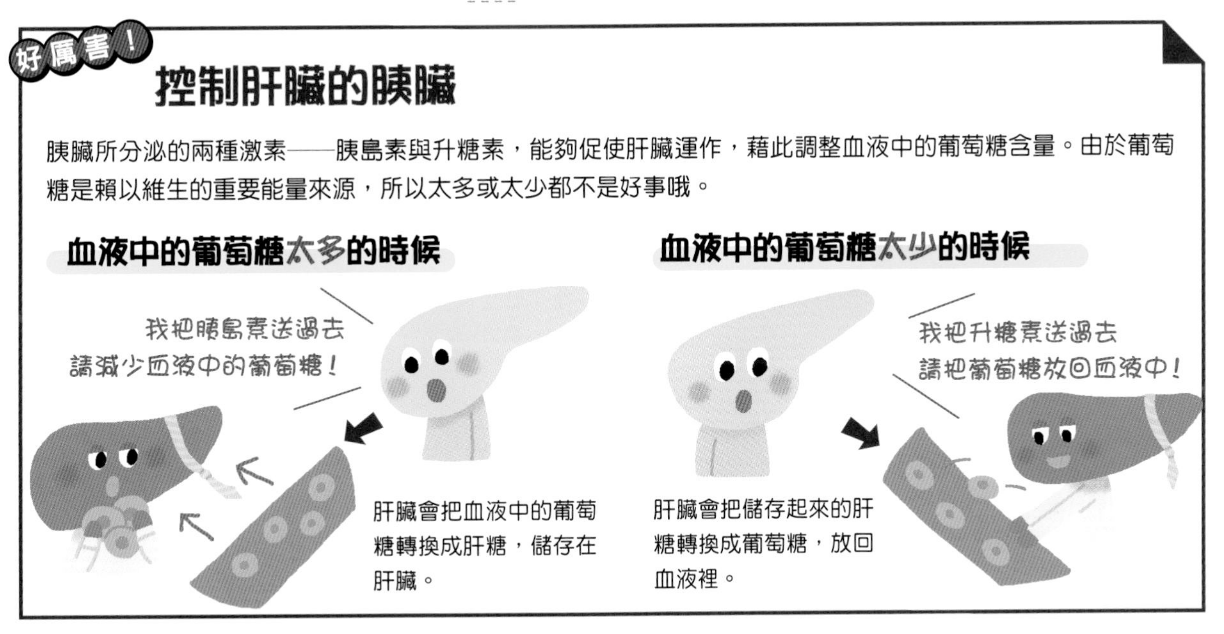

我把胰島素送過去
請減少血液中的葡萄糖！
我把升糖素送過去
請把葡萄糖放回血液中！

肝臟會把血液中的葡萄糖轉換成肝糖，儲存在肝臟。

肝臟會把儲存起來的肝糖轉換成葡萄糖，放回血液裡。

吸收營養素

小腸

可說是消化與吸收的主角器官——小腸，負責製造含有消化酶的腸液哦。一路被消化過來的食物，小腸會花上4～15個小時這麼長的時間，把營養素一滴不剩地吸收乾淨。所以小腸非常長唷！小腸的內側呈皺褶狀，而且遍布著連綿不斷的絨毛。是靠這些絨毛在吸收營養素的唷。

答案

A 第51頁的答案 ③胰島（蘭氏小島）

胰臟是由100萬個以上的胰島，以及製造胰液的組織「腺泡」所構成的唷。

腸液的功能

分解營養素。碳水化合物變成葡萄糖；蛋白質變成胺基酸；脂肪則分解成脂肪酸及甘油，讓身體更容易吸收。

腸液
長在小腸內側的每一根絨毛，都會吸收營養唷
絨毛的數量約有500萬根！

大　小：長約6～7cm，粗約4cm

表面積：把絨毛都攤開的話約200m²（約為籃球場一半的大小）

重　量：包含大腸，占體重的3%

主要的工作

●製造腸液，消化食物

●吸收營養

特　技

由於小腸非常地長，所以要多花些時間，才能夠充分吸收大量的營養素哦。

弱　點

因為某些原因而扭曲打結的話，會引起劇烈的疼痛唷。

在小腸吸收的**營養**會前往**何處**呢？

被絨毛所吸收的營養素當中，從碳水化合物或蛋白質分解而成的物質，會經由絨毛的微血管運往肝臟哦。脂質則流進淋巴管，最後會進到血管的靜脈中。

難道食物不會**堵塞**在小腸裡面嗎？

進到小腸的食物，是藉著和胃相同的蠕動（第46頁）在前進。在構造如盤根錯節般複雜的小腸裡，就算將身體倒立，也不用擔心食物會堵住或是逆流唷！

猜猜 Q

下列選項中，小腸最長的動物是哪一種？

❶ 人類 ❷ 獅子 ❸ 牛

小腸的構造

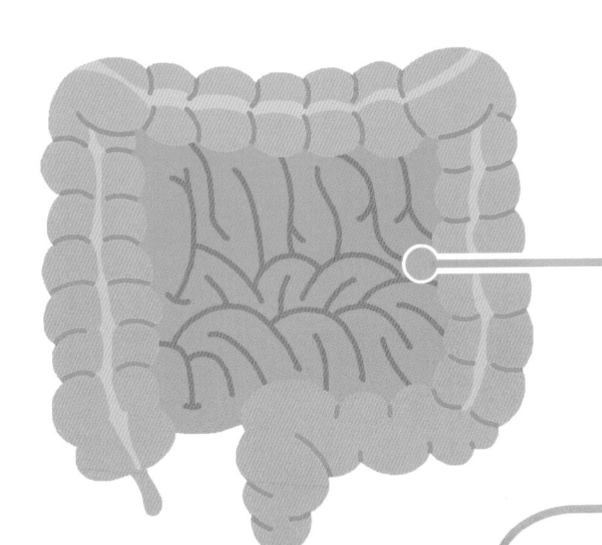

小腸的內側

有環狀的皺褶。

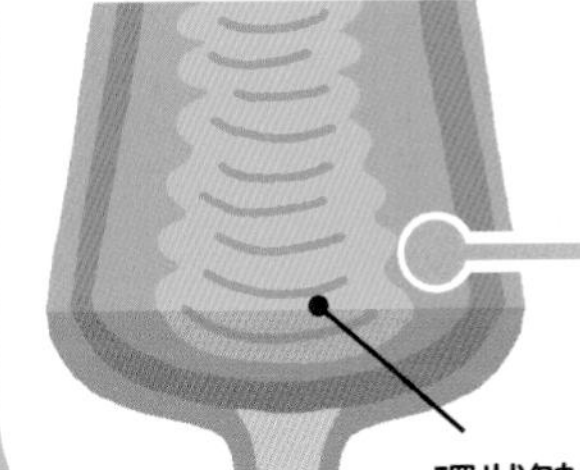
環狀皺襞

絨毛雖然
有個「毛」字，
但不是毛唷！

絨毛

高約0.5～1.5mm。絨毛中有微血管及淋巴管通過，吸收營養後，就能從此處送往全身。

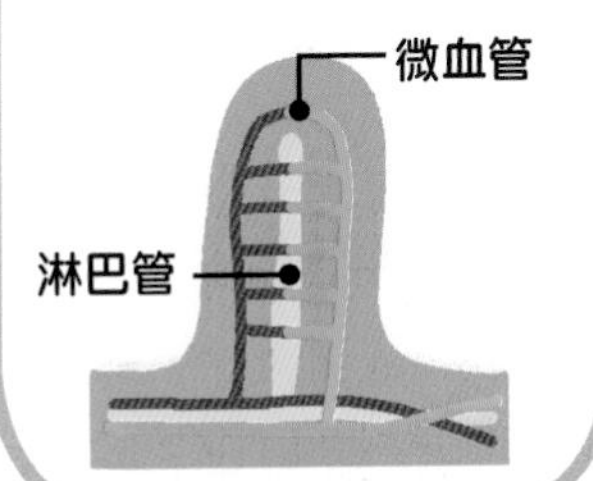
微血管
淋巴管

環狀皺襞

皺襞的高度約8mm。在皺襞的表面長滿了密密麻麻的絨毛。

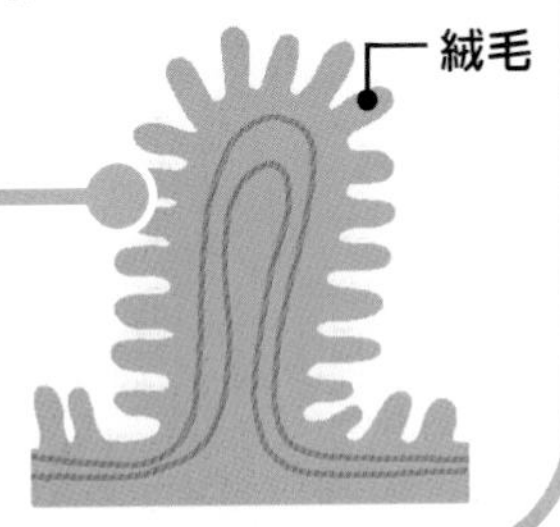
絨毛

在小腸消化、吸收的食物，會呈現像粥一般黏糊糊的狀態，然後被送去大腸。在該處吸收水分、製造大便就是大腸的工作囉！大便太硬或是太軟都不好，所以水分的調節可說是非常困難。此外，約有1000種腸內菌住在大腸裡，他們會消化膳食纖維、打擊病原體唷。

答案 A

第53頁的答案 ③牛

牛的腸子長達50m。草食動物需要花很多時間消化，所以腸子很長。

特技

住在腸子裡的腸內菌，會殺死、驅逐進入體內的病毒等。

弱點

吃到刺激性強的食物、感到壓力的話，水分的調節工作就會進展不順利。

大　小：長1.5cm
粗7.5cm

重　量：包含小腸，
占體重的3%

主要的工作

- 吸收多餘的水分，製造大便
- 消化膳食纖維等
- 靠腸內菌擊退病原體

需要花上約4～24個小時，來充分榨取水分唷

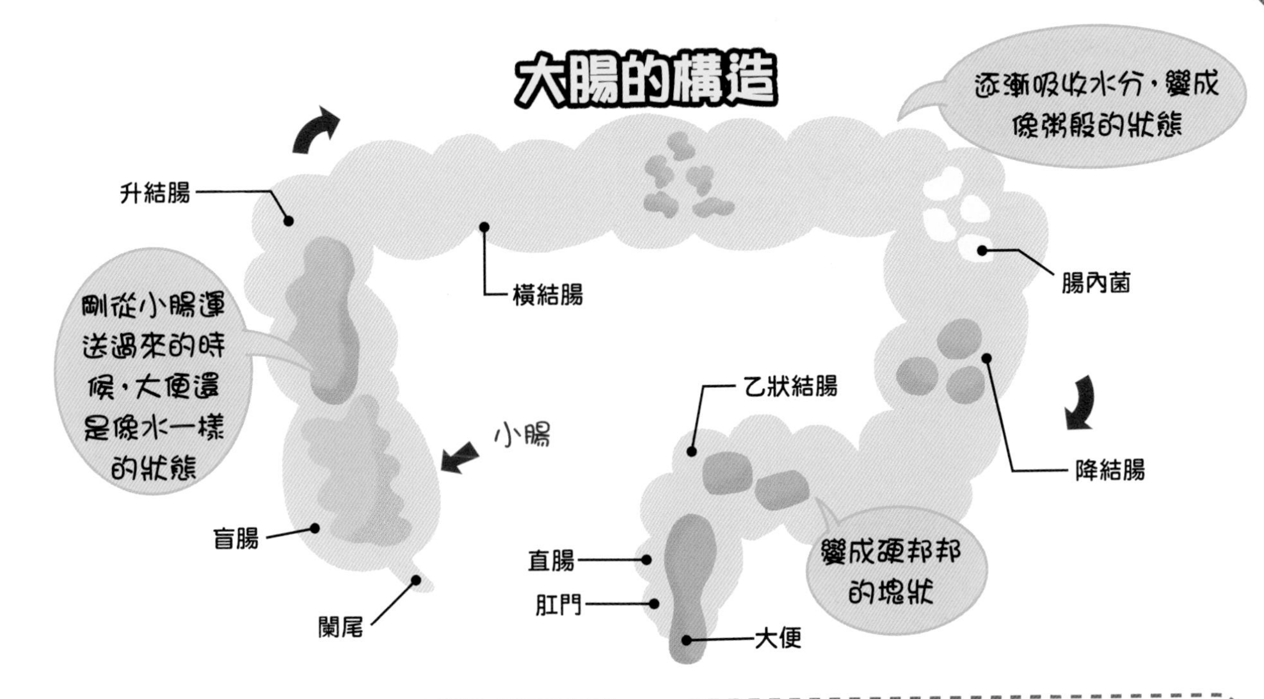

猜猜 Q

住在人的大腸裡的腸內菌，全部的總重量大概有多少呢？

❶ 約1kg ❷ 約100g ❸ 約10kg

大便是由什麼構成的呢？

吃下的食物在腸胃中被消化，營養素及水分則被吸收至體內，而最後剩下的殘渣就變成了大便唷！健康的人的大便有80%是水分，剩下的20%當中則含有食物的殘渣、腸內菌、剝落的腸內黏膜等等。

為什麼會腹瀉或是便秘呢？

大便的硬度，會因吃下的食物及身體狀況而有所改變哦。攝取太多水分的話，就會因為沒辦法完全吸收水分而導致腹瀉。相反地，當大腸運作遲緩使得排出大便的過程不順，就會因為一直不斷吸水，導致變得太硬而難以排出。

盲腸就算切掉也沒關係！？

盲腸的端部有條長約6cm的闌尾。一般說的疾病「盲腸炎」，就是這個闌尾處於腫脹、化膿等狀態，其正式名稱為「闌尾炎」。放著不管的話會很危險，所以依症狀有時候也會開刀切除闌尾唷。

腸內菌有1000種以上

在大腸裡住著許多腸內菌，能幫助消化、保護身體不被壞菌攻擊。體內有腸內菌就有免疫功能，也不容易生病。未消化完全的物質、雖為營養素但無法吸收的物質等等，腸內菌也具有將這些物質作為營養素利用的功能唷。

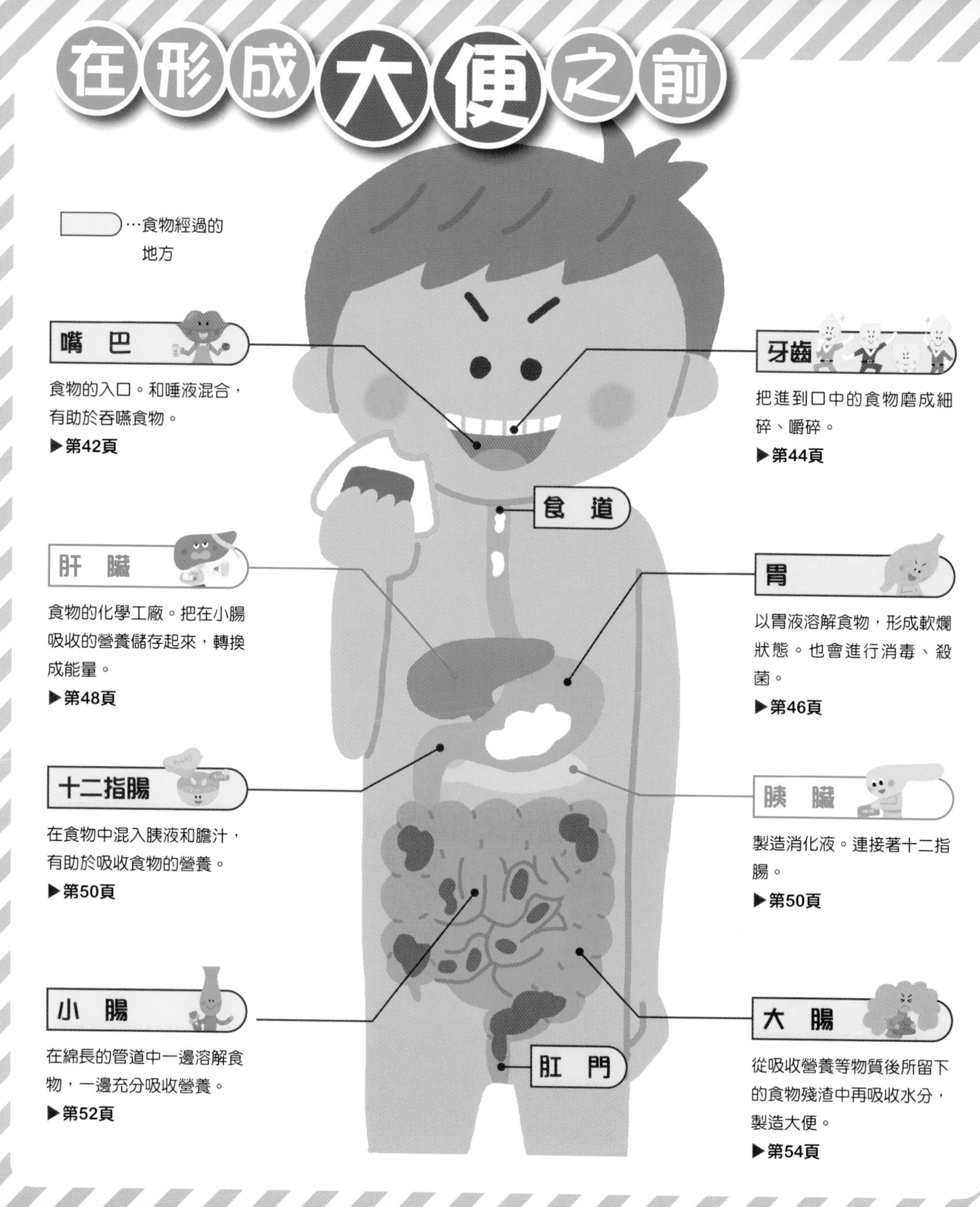
在形成大便之前
…食物經過的
地方
嘴　巴
食物的入口。和唾液混合，
有助於吞嚥食物。
▶第42頁
牙齒
把進到口中的食物磨成細
碎、嚼碎。
▶第44頁
食　道
肝　臟
食物的化學工廠。把在小腸
吸收的營養儲存起來，轉換
成能量。
▶第48頁
胃
以胃液溶解食物，形成軟爛
狀態。也會進行消毒、殺
菌。
▶第46頁
十二指腸
在食物中混入胰液和膽汁，
有助於吸收食物的營養。
▶第50頁
胰　臟
製造消化液。連接著十二指
腸。
▶第50頁
小　腸
在綿長的管道中一邊溶解食
物，一邊充分吸收營養。
▶第52頁
肛　門
大　腸
從吸收營養等物質後所留下
的食物殘渣中再吸收水分，
製造大便。
▶第54頁

大便的疑難雜問 Q&A

和大便有關的謎團都在這裡哦。如果你想知道更多大便的知識，一定要來看一看！

為什麼大便是褐色的？

大便的成分就是我們每天吃下肚的飯菜。蔬菜明明是綠色的，一形成大便卻全部變成褐色了，這是我們吃下的食物在肚子裡被消化的證據。

在十二指腸裡混入的膽汁，會把吃下的食物變成褐色，所以大便也是褐色的唷。膽汁中含有大量的「膽紅素」這種褐色物質。

大便和放屁為什麼會臭呢？

產生臭味的源頭是住在大腸裡的「腸內菌」。腸內菌就是靠著分解大腸內的食物殘渣及蛋白質來維生的細菌唷。

守護大腸是腸內菌的責任，當這些細菌在工作的時候會產生氣體，那就是味道的來源。這些氣體便是屁的真面目。大便之所以會臭，也是同一個原因哦。

吃了地瓜之後，排便就變得比較順暢？

地瓜當中有「膳食纖維」，其中所含有的成分能提供大便水分，並讓腸子的運作更加順暢。含有大量膳食纖維的食材除了地瓜以外，還有香蕉、牛蒡以及豆類等等唷。不過，單單攝取這些食物的話是沒有幫助的，和大量的水分一起吃下肚才是重點哦！

憋著不大便的話會怎麼樣呢？

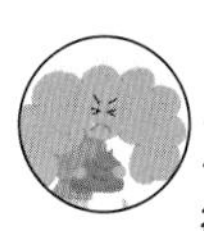

一直忍耐的話，肚子會痛對吧？那是因為腸子明明在試圖排便，卻被強行阻止，腸子感知到危險而向腦部傳達這個訊息所致。

如果一直憋著不大便，大腸就會進一步吸收水分，導致大便變硬。如此一來，到了下次就會難以排出大便，而形成便秘。

原來大便是
食物的殘渣
呀
像大便這種對身體
而言不必要的物質，
稱為「老舊廢物」唷
老舊廢物
不把這些物質排出體外的話，
體內就會累積毒素，
導致身體的各個地方
出現不適的症狀
大便
出不來…
沒有
食慾…
也就是說，
為了保持身體健康，
排便是一件
很重要的事情哦
原本我一直覺得在學校大便
是一件很難為情的事，
但是從此以後我不會再憋了，
會去上廁所唷
W.C
漱一
不愧是健太！
在廁所排出的
老舊廢物
還有一種唷！
猜猜
是什麼
廁所…？
啊！
尿液！！
嗯—
叮
咚
沒錯！
那麼在大便之後，
接下來就來介紹
製造尿液的同伴們
咦！
還有別的嗎！？

製造尿液的器官

就和大便一樣，

對身體而言不必要的水分會被排出體外。

那就是尿液。

不過大便和尿液的製造場所不一樣哦！

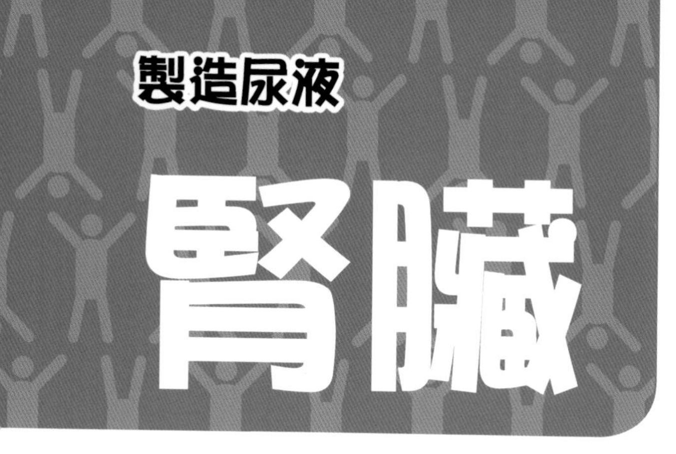

製造尿液
腎臟

腎臟的工作就是製造尿液並運送至膀胱哦。而尿液原本竟然是血液！腎臟過濾※血液中含有的有害物質及老舊廢物、鹽分等等，然後製造出尿液。喝很多水的話就會變得想上廁所對吧？那就是腎臟為了不要讓身體的水分含量過多，而在運作、製造出尿液唷。

※過濾：是指將液體或氣體中的混合物通過濾器等，藉此分離。

答案 A

第55頁的答案 ❶約1kg

據說腸內菌的數量有600～1000兆個唷！像比菲德氏菌或乳酸菌就很有名。

去除血液裡含有的不必要物質是腎臟的工作

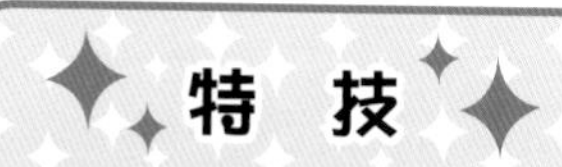

特技

左右兩邊加起來，1天可以過濾多達100～200ℓ的血液唷。

⚠ 弱點 ⚠

處理鹽分對腎臟造成的負擔很大，1天可以處理的鹽分量，最多9g就是極限了。

大　小：和拳頭差不多大

重　量：只算單個的話約130g

個　數：2個

主要的工作

- 製造尿液，送至膀胱
- 調節體內的水分、鹽分量
- 調整血壓

腎臟的構造

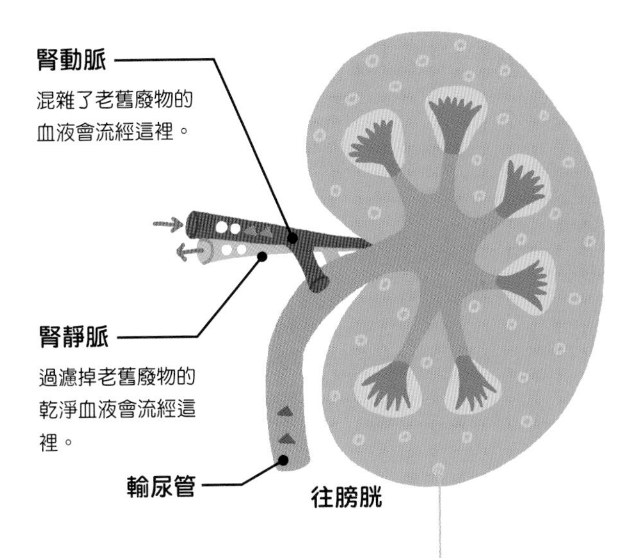

混雜了老舊廢物的血液，會從腎動脈送往腎臟。血液經過「腎小體」、「腎小管」這兩個階段後，就會再分成回到腎靜脈的血液以及流至輸尿管的尿液。

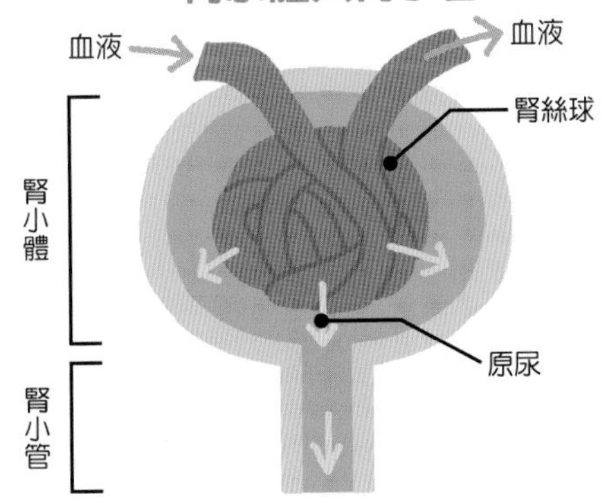

當血液進到腎小體，藉由腎絲球這個濾器過濾掉不要的物質，就會形成「原尿」。由於原尿當中仍含有必要的水分及養分，所以會再通過腎小管把這些物質送回血液。剩下的就變成尿液。

猜猜Q

聽說在動物之中，竟然有腎臟數量多達3000個的動物唷！那是哪一種呢？

❶牛 ❷藍鯨 ❸非洲象

1天排出的尿液量大概有多少呢？

在體內循環的血液，在1天之中會通過腎臟好幾次。1天下來過濾出的原尿多達200ℓ。不過，其中的99%會被微血管再次吸收，至於化作尿液排出體外的尿，1天有1.5ℓ左右唷。

為什麼流汗後尿液的量就會減少？

尿液的量和體內的水分含量有關。當流汗造成體內水分減少的時候，化作尿液排出體外的量就會跟著減少囉。而在不會流汗的冬天，由於體內的水分不易減少，所以化作尿液排出的量就會變多唷。

人體所需的水分與鹽分

在人類的身體裡，鹽分含量與水分含量維持在一個平衡穩定的狀態，要是哪一邊多了或是少了，都是攸關生死的大事。腎臟也具有調節血液中鹽分含量與水分含量的功能，能夠保持生理上的平衡。

儲存尿液並排出

膀胱

膀胱是一個將腎臟製造的尿液暫行性儲存起來的地方。膀胱壁能夠收縮，藉此儲存尿液。當尿液儲存到一定的量，腦部感知到「想排出尿液」時，膀胱壁就會收縮並排出尿液哦。此時，控制膀胱出口的就是括約肌這個肌肉（平滑肌）。這個肌肉可以開闔，所以尿液並不會失控地漏出來唷。

答案 A

第61頁的答案 ❷ 藍鯨

喝下含有鹽分的大量海水的藍鯨，為了藉著尿液排出鹽分，而擁有很多個腎臟唷。

特 技

幾乎不會有尿液失控地流出的問題。沒有來自腦部的指令，膀胱就不會排尿。

弱 點

很容易受心情影響。緊張的話膀胱就會變小，變得突然很想上廁所。

容　量：成年男性約450cc，女性約400cc，小孩約300cc

主要的工作

- 儲存尿液
- 排出尿液

接收來自腦部
的命令後，我會
排出尿液唷

膀胱能儲存的尿液量有多少？

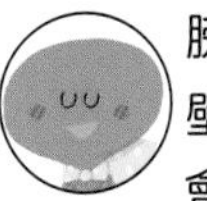

膀胱壁的厚度約1cm，存入尿液時的膀胱壁最多會擴張到約3mm厚，整個膀胱都會膨脹。雖然最多能儲存到800mℓ（小孩是600mℓ），但在一般的情況下，存到一半左右的量時就會想排尿囉。

為什麼會尿床呢？

在睡覺的這段期間，膀胱的出口會關起來，所以尿液並不會流出來。就算中途想要尿尿，如果是大人的話就會因為腦部的命令而醒過來。不過，若是小孩的話，由於腦部還在發育當中，所以有時候並不能很順利地下達命令。

憋尿憋得太過頭的話……

要是一直忍著不去上廁所，儲存在膀胱裡的尿液中的細菌就會增生，進而引起發炎症狀，有時候甚至還會演變成膀胱炎。除了排尿時的疼痛感，每次排出的尿量也會減少，出現殘尿感以及頻尿等症狀。更嚴重時，還會發生尿液變混濁、混雜著血液形成血尿等情形。

膀胱會依據進入的尿量來改變大小呢！

在排出尿液之前的過程

之所以能夠憋尿，是因為靠著肌肉把出口緊緊閉上。只有在腦部發出命令之後，肌肉才會放鬆。

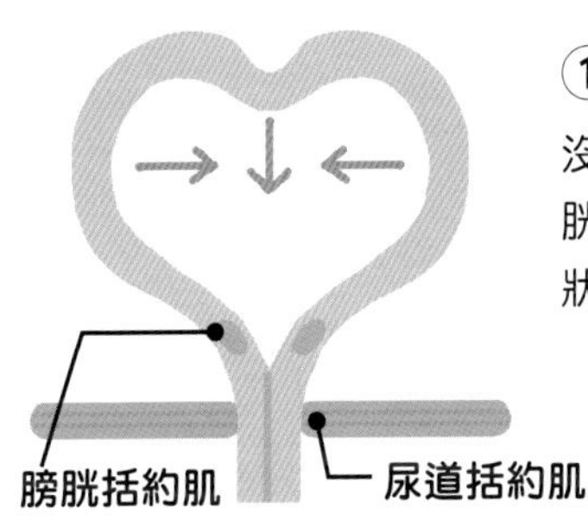

①當膀胱空蕩蕩時

沒有尿液進來的時候，膀胱的上部呈現一個扁塌的狀態。

②儲存尿液

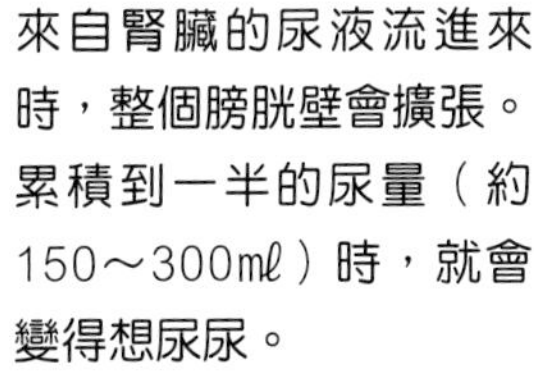

來自腎臟的尿液流進來時，整個膀胱壁會擴張。累積到一半的尿量（約150～300mℓ）時，就會變得想尿尿。

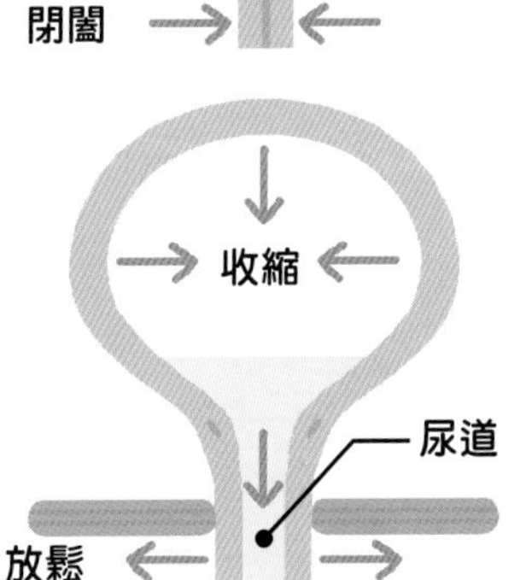

③排出尿液

當累積大量尿液時，腦部就會發出命令，使膀胱壁收縮、膀胱括約肌及尿道括約肌放鬆。

猜猜Q

藉由尿液檢查，可以檢測尿液當中含有的成分哦。即使尿液中含有這種物質也沒問題的是哪一種呢？

❶ 食鹽　❷ 蛋白質　❸ 糖

在形成尿液之前

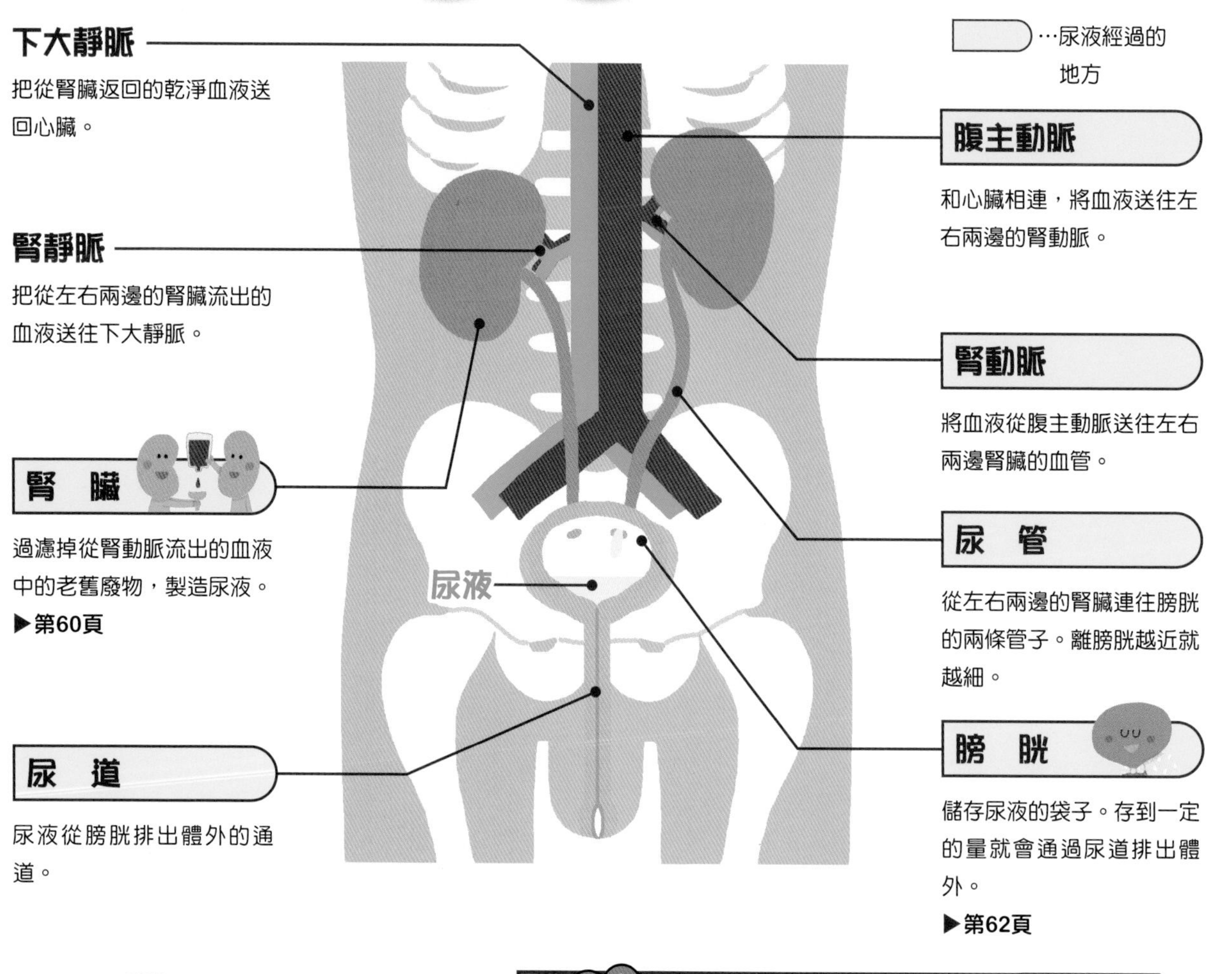

…尿液經過的地方
尿液

下大靜脈

把從腎臟返回的乾淨血液送回心臟。

腎靜脈

把從左右兩邊的腎臟流出的血液送往下大靜脈。

腎　臟

過濾掉從腎動脈流出的血液中的老舊廢物，製造尿液。

▶第60頁

尿　道

尿液從膀胱排出體外的通道。

腹主動脈

和心臟相連，將血液送往左右兩邊的腎動脈。

腎動脈

將血液從腹主動脈送往左右兩邊腎臟的血管。

尿　管

從左右兩邊的腎臟連往膀胱的兩條管子。離膀胱越近就越細。

膀　胱

儲存尿液的袋子。存到一定的量就會通過尿道排出體外。

▶第62頁

腎臟連接著
粗大的血管呢

好厲害！

和女性相比，男性比較能夠憋尿！

在排出尿液的地方有著名為尿道括約肌的肌肉，男性這塊肌肉的力量比女性的要厲害得多。再者，膀胱的容量也是男性比較多，所以能夠憋尿憋得比較久唷。

尿液的疑難雜問 Q&A

腎臟、膀胱，以及和尿液有關的大小事，接下來就要進一步講解這些知識唷！

排出帶有甜味的尿就代表生病了，是真的嗎？

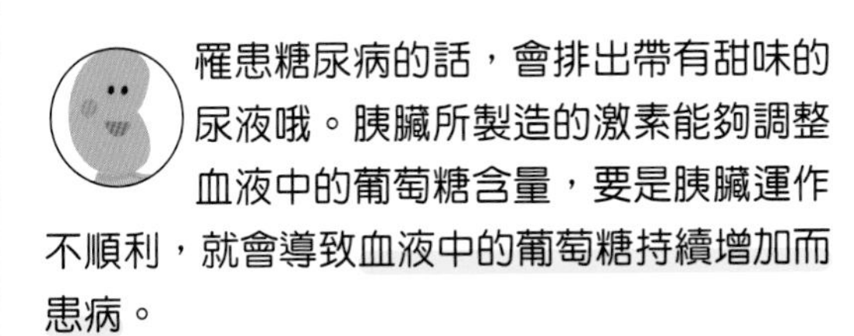

罹患糖尿病的話，會排出帶有甜味的尿液哦。胰臟所製造的激素能夠調整血液中的葡萄糖含量，要是胰臟運作不順利，就會導致血液中的葡萄糖持續增加而患病。

大人得糖尿病的原因主要是運動不足或暴飲暴食等，不過如果喝太多果汁，有時候連小孩也會罹患糖尿病唷。

為什麼有黃色的尿液也有透明的尿液呢？

尿液最一開始是由血液所構成的。所以根據身體狀況，顏色也會有所變化。

當體內的水分較少時，或是排了很多汗之後，就會產生黃色的尿液唷。相反地，透明的尿液則大部分都是水分。因為將體內多餘的水分化作尿液排出，所以才會像水一樣透明。

為什麼排尿之後，會打冷顫呢？

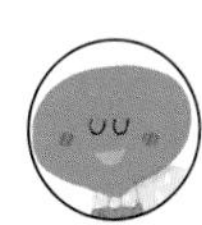

由於尿液在膀胱中保溫，所以非常溫暖。也因此，當儲存的尿液排出體外後，體內的溫度會暫時下降。

據說之所以會打冷顫，是為了要幫冷卻的身體回溫，肌肉在抖動的緣故哦。

為什麼喝茶之後會變得想尿尿？

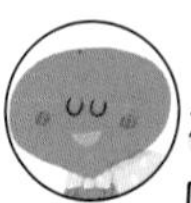

因為茶中含有的「鉀」成分具有利尿作用，會增加尿液的量哦。

除了茶以外還有小黃瓜、西瓜等等，也都含有大量的鉀唷。

原來尿液
原本是血液啊，
我好驚訝！
我都不知道！
腎臟每天都對
我們照顧有加，
是他在幫我們血液
去除老舊廢物的唷
多虧了腎臟，
血液才能
變乾淨啊
謝謝！
沒什麼
少在那邊
裝作很偉大
啪唏
紅血球！記得下次再帶些美味的
氧氣過來唷～
OK！
掰掰囉
原來如此 把能變成身體能量的
「氧氣」運送給大家，是紅血球
的工作喔
沒錯沒錯！
氧氣
不過那個氧氣
到底是從哪裡
拿到的？
你手裡
拿的東西
是…
哦～
真是個好問題！
這樣吧，健太你
大大地吸一口氣
試試
氧氣
吸——
這樣？
沒錯！健太現在就
吸進了很多氧氣唷
這些氧氣
跑去哪裡了呢？
現在就帶你參觀唷！
快跟上來！

和呼吸
有關的器官

人每天都在吸氣吐氣，

重複著呼吸的動作。

從吸入的氣體進到體內，

直到再次吐出的過程中，

究竟有哪些器官在運作呢？

空氣的通道

氣管、支氣管

從喉嚨（喉頭）直到肺部入口的管子稱為氣管，至於從該處分為左右兩邊的管子則是支氣管唷。當從口鼻進入的空氣要送至肺部，或是從肺部排出空氣至體外時，都是利用這條通道。

有種叫做纖毛的毛，長在管子的內側哦！藉由纖毛可過濾進到體內的空氣，攔截混在其中的灰塵及病毒等異物，然後再經由咳嗽或打噴嚏把髒東西趕出體外唷。

大　小：氣管粗約2～2.5cm，長10cm
　　　　支氣管前端的粗細度約0.1mm

個　數：氣管1個／支氣管2個

主要的工作
- 從口鼻進入的空氣會通過
- 排除異物

特　技
藉著咳嗽把異物噴出體外的速度可媲美新幹線，超過時速200km！

弱　點
如果喉嚨腫起來，氣管內側的纖毛就會脫落，造成不適感。

氣管是位於喉嚨部分的管子唷
空氣
空氣
空氣
氣管
支氣管（右）
支氣管（左）
左支氣管比右支氣管還要細長哦

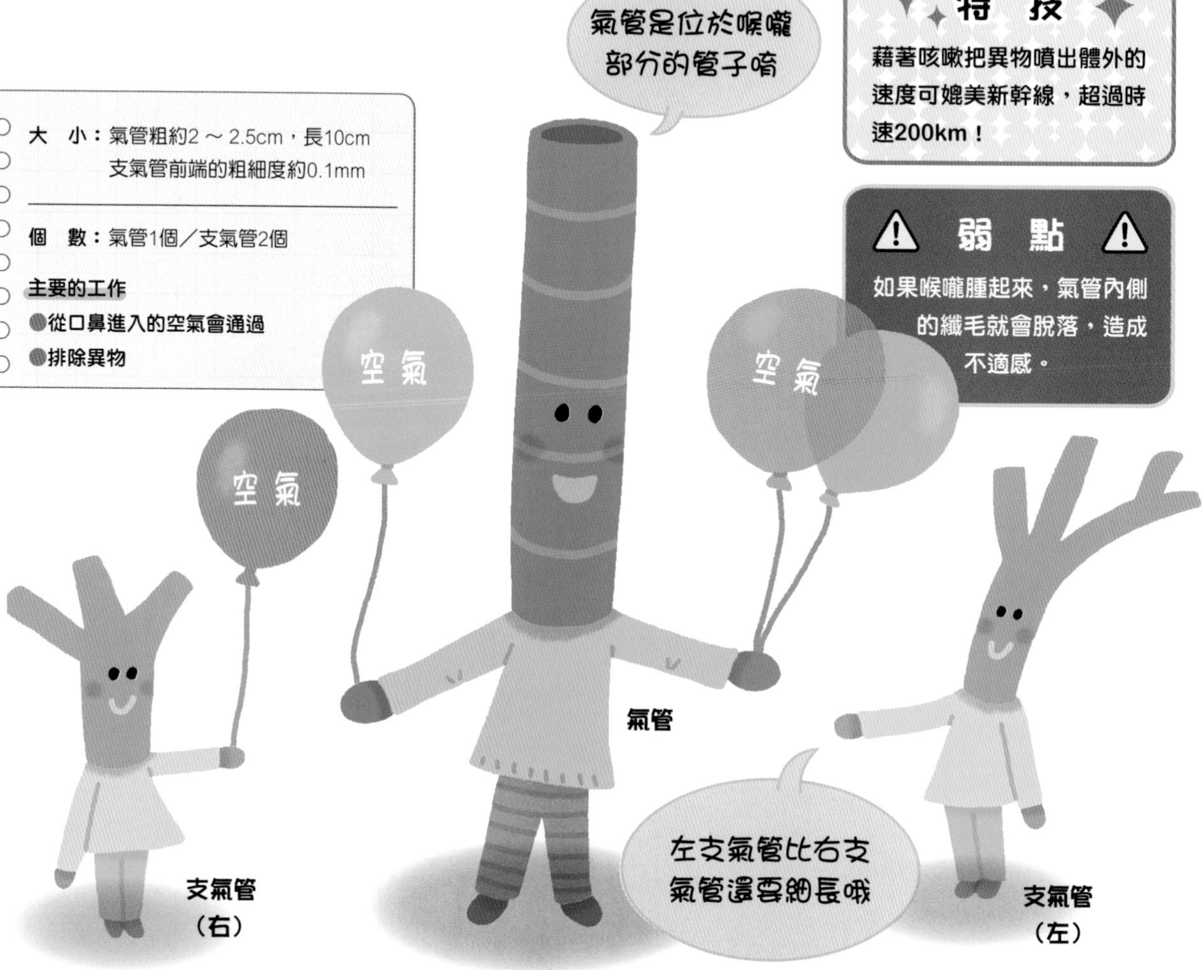

答案 A
第63頁的答案 ❶ 食鹽
當體內的鹽分含量太多，就會化作尿液排出唷。
如果尿液中含有蛋白質或糖分，就必須再做進一步的檢查。

呼吸器官的構造

鼻腔
空氣
喉頭
當空氣通過時會厭會打開，當食物通過時則會關起來。
氣管
食道
食物通過的管子。
支氣管
從氣管分支成左右兩邊，越往端部就越細，延伸至肺裡。
肺

好厲害！

喉嚨的深處分成兩個通道！

食物進入的通道為「食道」，空氣進入的通道則為「氣管」，從名稱就可見一斑——喉嚨的深處分成兩邊。當位於喉頭入口的蓋子「會厭」打開，進入喉嚨的空氣就會進到氣管中。當食物通過時蓋子則會關上，所以並不會跑到氣管裡，而是通過食道。

咳嗽的過程

一旦廢物或細菌等異物跑進來，就會被長在氣管及支氣管內側的纖毛攔截，而為了把髒東西趕出體外，就需要用力噴吐出氣息。

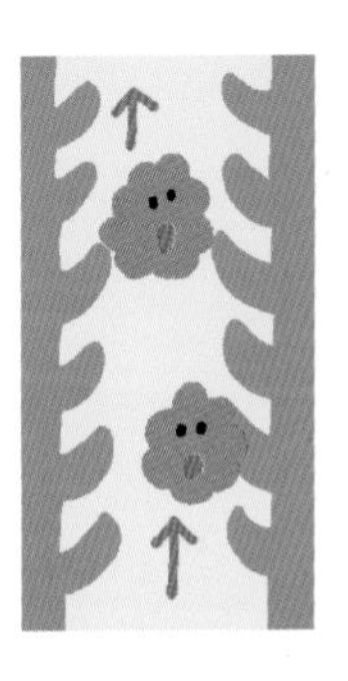

吸入異物時　　正常情況下

猜猜Q

在氣管的表面有一種構造，可以防止氣管被壓扁唷。那是什麼呢？

❶ 毛　❷ 軟骨　❸ 厚實的肌肉

和咳嗽一起跑出來的痰是什麼？

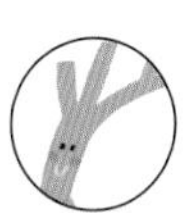

痰是為了將廢物或異物排出體外所產生的物質。當得了感冒、被細菌或病毒感染時，就會引起氣管及支氣管的內側發炎，產生黏液。如果異常地分泌過多就得咳出體外，也就是痰囉。

何謂氣喘

就連沒有發作的時候支氣管也很細，會引起發炎症狀的疾病。如果廢物等異物再跑進來的話，空氣就會更難通過，痰量增加且變得難以呼吸，每次呼吸都會伴隨著「吁——吁——」、「咻——咻——」的聲音，劇烈地咳嗽等等，有上述發作的症狀。

攝取空氣中的氧氣

肺

肺是個可存取從口鼻吸入的空氣的地方。肺由3～5億個肺泡所組成，能夠膨脹、縮小的「肺泡」是像小型袋子般的器官。每一個肺泡，都會藉由微血管回收血液中不必要的二氧化碳，並將新鮮的氧氣替換到血液中。這就稱作「氣體交換」唷。

答案 A

第69頁的答案 ❷ 軟骨

氣管與支氣管的表面覆有一排「氣管軟骨」，保護著氣管不被壓扁唷。

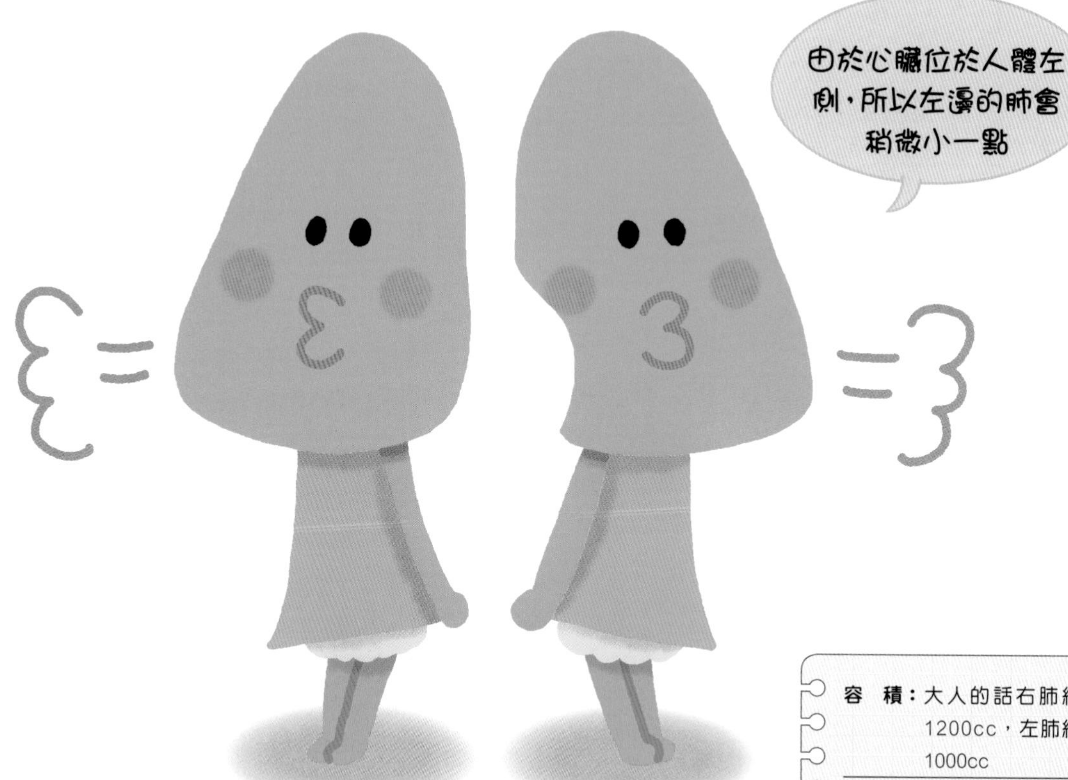

由於心臟位於人體左側，所以左邊的肺會稍微小一點

特技

1分鐘可以進行多達6～8ℓ的氣體交換哦！睡覺的期間也不會休眠，持續重複進行著氣體交換。

弱點

由於沒辦法把氧氣儲存起來，所以如果停止呼吸，氧氣就會不足而變得痛苦萬分哦。

容積：大人的話右肺約1200cc，左肺約1000cc

重量：大人的話右肺約700g，左肺約600g

個數：2個

主要的工作

- 進行二氧化碳與氧氣的氣體交換

肺的構造

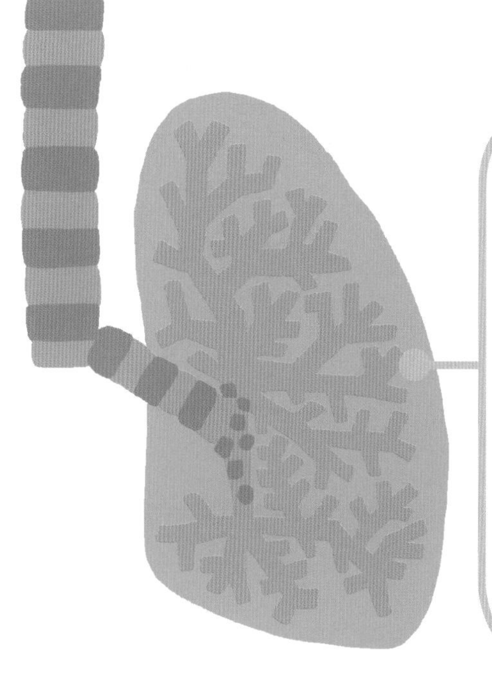

肺泡

支氣管末端為小型的袋狀構造，稱作肺泡。一個肺泡的直徑為0.1～0.2mm，在極薄的膜表面上布滿了網格般的微血管。

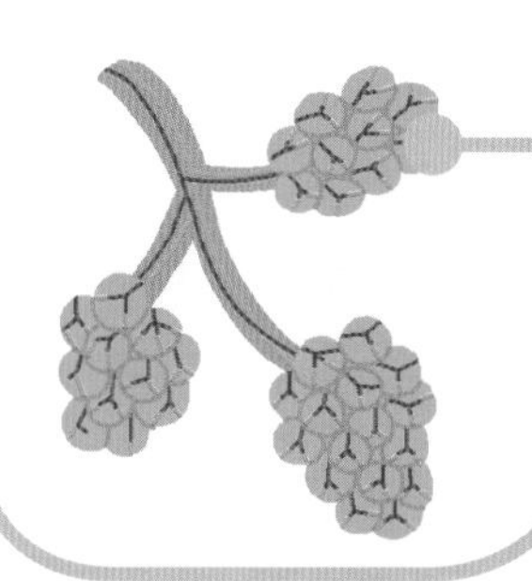

氣體交換的過程

充滿二氧化碳的血液（紅血球）會在肺泡和氧氣進行氣體交換，再帶著充足的氧氣離開肺泡。

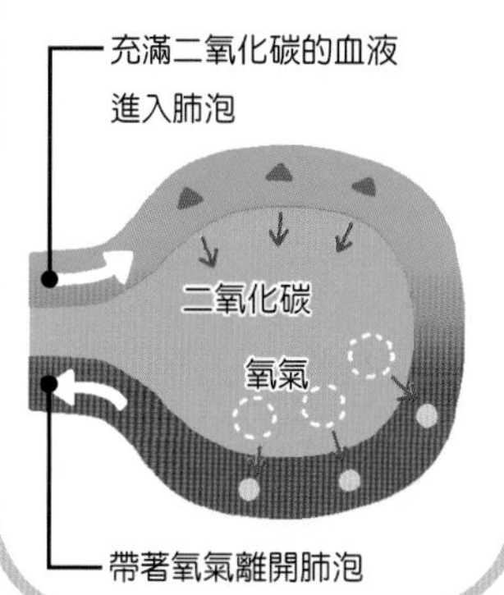

猜猜 Q

處於靜止狀態下的人1分鐘所呼吸的次數，大概有多少呢？

❶ 5～6次 ❷ 12～15次 ❸ 30次左右

一次吸入的空氣量大概有多少呢？

在一般情況下進行一次呼吸所吸入的空氣量，大約有400～500mℓ。不過，並不是所有空氣都會用在肺部的氣體交換上，有一部分吸入的空氣會留在鼻腔或氣管當中。實際上會運送到肺部的，據說只有約330mℓ唷。

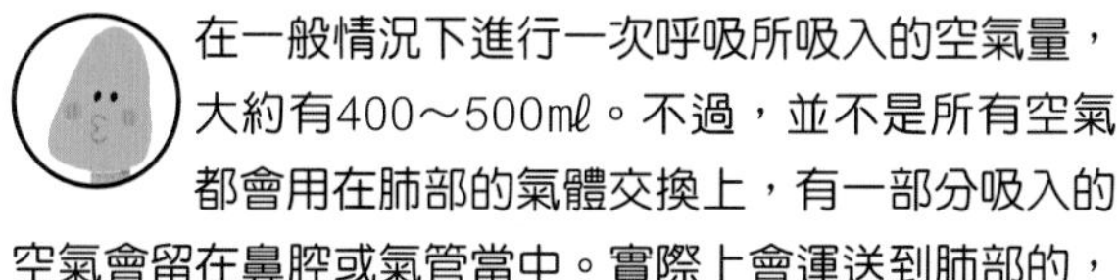

好厲害！

肺是可以鍛鍊的！

如果運動量持續不足，存取空氣的肺的功能就會下降。將這項功能數值化之後就叫做「肺活量」哦。所謂肺活量，就是指大口吸入空氣後能夠吐出的空氣量。不過，只要透過跑步或游泳等，持續做這些能訓練耐久力的運動，就可以增加肺活量。

吸菸的話肺就會變得烏漆墨黑，是真的嗎？

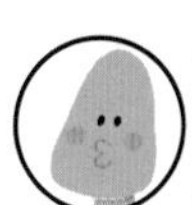

香菸裡含有高達200種以上對身體有害的成分。其中一種物質是焦油。由於焦油是褐色的而且十分黏稠，所以會附著在肺上把肺染成黑色的哦！

肺活量越多的人，能潛入泳池的時間就越久唷！

活動肺部

橫膈膜

橫膈膜是位於肺部下方的圓頂狀的膜，由可伸縮的巨大肌肉所構成的唷。呼吸時會用到的肌肉，讓橫膈膜不停地上下擺動。肺會膨脹、伸縮，其實和橫膈膜的功能有所關連。

除此之外，橫膈膜也具有將身體中央分隔兩邊的功能，可將肺所位於的胸部以及胃、大腸和小腸所在的腹部區隔開來。

答案

A 第71頁的答案 ❷ 12～15次

做運動或是緊張的時候，呼吸次數會增加到約50次唷。

特技

保持一定的節奏做上下運動，大人的話1天約有2萬6000次唷。

弱點

對壓力及情感上的變化很敏感，運作會變差。只要大口深呼吸，刻意去活動就可以改善了唷。

厚　度：約0.5～1cm

個　數：1個

主要的工作

●協助呼吸的運作

好厲害！

如果橫膈膜不會動的話，肺就不會膨脹！

呼吸時也會用到肋骨以及肋骨之間的肋間肌唷

肺之所以會膨脹、收縮，並不是靠肺自己在動的。而是橫膈膜向上升起讓肺收縮，橫膈膜往下降讓肺膨脹的哦。

呼吸時的運作

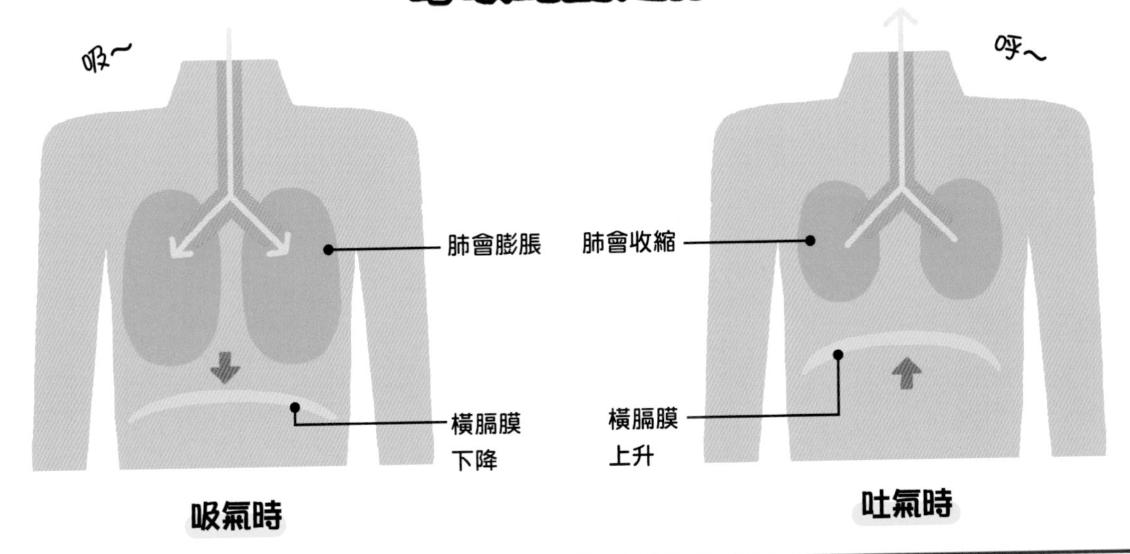

吸～
肺會膨脹
橫膈膜下降
吸氣時
呼～
肺會收縮
橫膈膜上升
吐氣時

腹式呼吸與胸式呼吸

讓橫膈膜上下擺動，使肺往肚子的方向膨脹以吸取空氣，稱作「腹式呼吸」。「胸式呼吸」則是靠擴張肋骨讓胸腔變大，藉此吸取空氣。放鬆的時候，會進行腹式呼吸。

而胸式呼吸能夠吸取較多的空氣，所以在做運動或緊張的時候會進行。人可以依照目的下意識地區分使用這兩種呼吸法。

有什麼訣竅可以停止**打嗝**嗎？

打嗝的原因是橫膈膜的痙攣。因為某些原因引起痙攣，使得呼吸的節奏和平常相比變短了，就會開始打嗝。想停止打嗝，就要找回呼吸的節奏。試試看憋氣然後一口氣喝水等方式吧。

人體疑難雜問 Q&A

在最後來做個人體疑問的大統整。
和問題有關的角色會來替各位解答唷！

聲音是從哪裡發出來的？

聲音是從位於氣管上方的器官「聲帶」所發出來的哦。聲帶的兩側皺襞平常是朝左右兩邊分開的，但在發聲的時候會因為來自腦部的命令而關上。當吐出的氣息通過該處時，皺襞便會震動，進而形成聲音哦！
聲音之所以會因人而異，是因為每個人的嘴巴及鼻子的構造不一樣唷。

為什麼想睡覺的時候就會打哈欠呢？

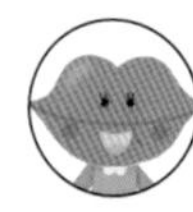

雖然至今尚未有一個清楚的定論，不過一般認為這是腦部為了要獲取大量氧氣至體內，才會張大嘴巴呼吸（＝打哈欠）唷。
想睡覺的時候腦部的活動會變得遲緩，呼吸也會變緩慢，導致獲取的氧氣量變少。為了讓身體清醒一點，就得努力獲取氧氣。

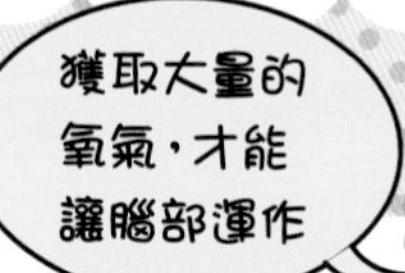

生病時為什麼會發燒呢？

是來自腦部的命令唷——

當有細菌或病毒跑進體內，為了擊退這些有害物質，腦部就會下達上升體溫的命令。因為病毒一碰到溫度上升的狀況，活動能力就會變遲鈍。
話雖如此，如果長時間處於高熱狀態會很危險，所以要利用藥物等來舒緩發燒哦。

肚臍存在的目的是什麼？

肚臍就是待在母親的腹中時，對生存有所幫助的構造，不過在出了媽媽的肚子之後就沒有任何功能了。
待在肚子裡時，有條長長的管狀物稱作「臍帶」，和母親連在一起，是藉由臍帶中的血管來給予營養的唷。在出生的同時臍帶就會被切掉，化作肚臍留在身上。

壓力是什麼？會累積在哪裡？

所謂壓力，是在感受到環境變化或煩惱等等時，身心為了應對該狀況而出現的反應。並不是眼睛能看得見的東西，也不會有累積在某個地方的問題，不過，當感受到很多痛苦的事情時我們就會說「累積壓力」。

最近的研究顯示，遭受壓力時，位於額頭附近的腦部的前額葉皮質以及下視丘就會產生反應唷。

俗話說「一暝大一吋」嘛！

長高有特定的時間，這是真的嗎？

促進身體成長的「生長激素」會分泌的時間，據說在晚上的10點到凌晨2點之間。在這段期間好好睡覺的話，就能分泌大量的生長激素。

生長激素是位於腦部下方的腦垂腺所分泌的激素，經由血管送到骨頭、肌肉以及內臟，藉此讓身體長高、促進皮膚及頭髮的汰舊換新等等唷。

為什麼會做夢？

無論是誰都會每天做夢，而且據說是在淺眠的「快速動眼期睡眠」時做夢的。

雖然至今尚未有一個清楚的定論，不過大多數說法認為，藉著做夢可以整理記憶及思考唷。

據說在夢裡，會呈現當天發生的事情，或是心中在意的事情等等。所以如果有什麼很想做的夢，可以試著在睡前一直想著那件事，這樣做的話也許夢見的機率就會變高也不一定唷！

不過可怕的夢還真不想再做第二次～

為什麼隨著年齡增長，皺紋會跟著增加？

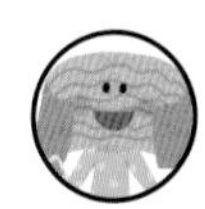

支援皮膚的是兩種有如細線般的物質。避免皮膚過度延展、使其保有彈性的「膠原蛋白纖維」，以及在皮膚延展之後回縮、使其恢復原狀的「彈性纖維」。隨著年齡增長，這兩種物質的功能也會減弱，導致皮膚失去恢復原狀的力量，進而產生皺紋。

此外，據說如果照射到太多紫外線，彈性纖維就會變成團塊，也會讓皺紋增加哦！

哈啊
怎麼了嗎？
媽媽！
直到剛才我都
待在身體裡面唷
還和紅血球在一起！
這樣啊
感覺是個快樂的夢呢
是真的啦！！
咕~~
呵呵呵　睡飽之後
精神好像也變好了呢
要不要吃午餐呀
好耶——
細嚼慢嚥
我跟你說
食物進到嘴巴之後，
是靠舌頭和牙齒合作，
把食物送往喉嚨深處的唷

然後啊
接下來就是胃把
食物溶掉的唷
哇～
你真的變得
很了解身體耶！
好厲害唷～
1個月後…
○○醫院
健太小朋友，恭喜你
骨頭復原得很好，變得跟以前一樣了
從明天開始就可以再活力充沛地
去玩耍囉
真是
太好了呢
蹦蹦
太好了——！
謝謝大家！
跳跳
大家是誰？
我是在跟
自己身體裡的
大家說話啦
呵呵呵
此時在健太的身體裡也…
賀！痊癒
呼呼
耶～
健太
恭喜你！
太好了！
大家也都
很高興唷～

用語索引

本書所出現的身體部位名稱以及和人體相關的用語，按筆劃順序排列如下唷。

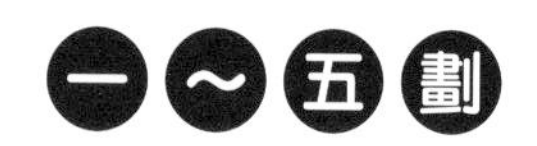

六～十劃

十一～十五劃

十六劃以上

PROFILE

島田達生（しまだ たつお）

大分大學名譽教授、大分醫學技術專門學校校長、中國河北醫科大學名譽教授、NPO田原淳的會代表。畢業於佐賀大學。醫學博士（久留米大學）、曾於墨爾本大學留學。專門領域是顯微鏡解剖學、健康科學。編著《田原淳の生涯（田原淳的生涯）》（考古堂），並監修《健康と病気のしくみがわかる解剖生理学（了解健康與疾病構造的解剖生理學）》（西村書店）、《WONDER MOVE 人体のふしぎ（WONDER MOVE 人體不思議）》（講談社）、《長生きパズルで脳活性110問ドリル（靠長壽解謎遊戲活化腦部之110問練習）》（学研プラス）等書。

TITLE

人體小圖鑑

STAFF

出版	瑞昇文化事業股份有限公司
監修	島田達生
譯者	蔣詩綺
總編輯	郭湘齡
文字編輯	徐承義　蔣詩綺　陳亭安
美術編輯	孫慧琪
排版	執筆者設計工作室
製版	明宏彩色照相製版股份有限公司
印刷	桂林彩色印刷股份有限公司
法律顧問	經兆國際法律事務所　黃沛聲律師
戶名	瑞昇文化事業股份有限公司
劃撥帳號	19598343
地址	新北市中和區景平路464巷2弄1-4號
電話	(02)2945-3191
傳真	(02)2945-3190
網址	www.rising-books.com.tw
Mail	deepblue@rising-books.com.tw
初版日期	2018年11月
定價	300元

ORIGINAL JAPANESE EDITION STAFF

カバー・本文デザイン	山口秀昭（Studio Flavor）
まんが・イラスト	ゼリービーンズ
執筆	伊藤睦
DTP	新榮企画
校正	株式会社円水社
編集	株式会社スリーシーズン（藤門杏子） 小栗亜希子

参考文献

『WONDER MOVE 人体のふしぎ』（講談社）
『やさしくわかる子どものための医学 人体のふしぎな話365』（ナツメ社）
『？に答える！ 小学理科』（学研プラス）
『ひとのからだ』（フレーベル館）

國家圖書館出版品預行編目資料

人體小圖鑑 / 島田達生監修 ; 蔣詩綺譯.
-- 初版. -- 新北市 : 瑞昇文化, 2018.11
80面 ; 21 x 22公分. -- (跟著可愛角色學習)
譯自 : キャラクターでわかる人体
ISBN 978-986-401-281-7(平裝)
1.科學 2.通俗作品

308.9　　107017052